Ability
大学生の数学リテラシー

飯島 徹穂 編著　岩本 悌治・佐々木 隆幸 著

共立出版株式会社

まえがき

　この本は，これまで中学・高校を通して，長い年月をかけて学び，身につけているべき数学の基本的な知識や能力〈数学リテラシー〉を確認し，復習するためのテキストとして編集したものです．

　これから大学で数学や数学を応用した科目の授業を受けるに際して，高校で学習した基礎となる数学知識〈数学リテラシー〉をもう一度整理し，復習しておくべきでしょう．「線形代数学」の授業であればベクトル，行列などを，「統計学」であれば集合，順列，組合せ，確率などを，「物理学」であれば関数，微分，積分などを復習しておきたいものです．もっと基本的な —— 数と式の計算 —— で弱いところがあれば，計算練習をしておくのもよいでしょう．そして授業中には基礎事項が系統的に整理されたテキストを座右に置き，忘れかけた用語の定義・定理・公式などがすぐに見つけられるようになっていればベストでしょう．

　数学の基本的な事項を復習するには，高校生のとき実際に使用した数学の教科書・参考書 —— 数学 I+A，数学 II+B，数学 III+C —— がよいと思います．しかしながら，これらのテキストの中から，必要な事項を探し出すだけでもたいへんです．大学生になると，履修すべき授業科目の数が増え，リポートなどの提出物にも追われ，落ち着いて数学の復習をする時間が取れないようです．高校数学の要点を系統的に整理してあり，コンパクトで使いやすいテキストがあれば最適でしょう．

　そこで，このような事情にこたえるため，この本は高校数学のほぼ全域から基礎的・基本的で重要な項目を抽出し，必要とすることがらが短時間で能率よく学習できるように編集したものです．それぞれの項目には簡明な説明をほどこし，例題と例解で内容を確実に理解してから，自分自身で問題を解き，より一層の理解が深められるように配慮しました．また，自学自習が可能なように，例解と問題の解答は途中の計算の過程を省くことなく，できるだけ詳しく解説しています．その他にもいろいろな点に配慮して編集しましたので，それらを具体的に列挙してみます．

1. 例解と問題の解法のためのヒントと補足事項をできるだけ詳しく記述しました．
2. 問題を解くとき，よく間違う計算例を取り上げ，下欄の注意 ⚠ に，間違った計算例（誤），正しい計算例（正）をまとめました．

3. 数学記号は高校数学の教科書で慣れ親しんだものと同じ記号を使うように配慮しました．いろいろな数学記号の読み方もその記号がはじめて使われた箇所で説明し，巻末の資料集で各分野別にまとめて収録しました．

4. 定義・定理・公式などはもとより，計算の規則・手順，公式の覚え方などがすぐに見つけられるように詳細な索引を付けました．また，よく使う公式は資料集にもまとめて掲載しました．

5. すべてのページの下欄には手計算が気軽にできるようにノート欄を設けてあります．電卓がなくても手計算ができるように，計算に必要な数表は資料集に載せてあります．

授業中熱心な学生の顔を思い浮かべながら，わかりやすく使いやすくするにはどうしたらよいか，試行錯誤を繰り返しながらまとめましたが，この本が読者のみなさまの学習にすこしでもお役にたてれば幸いです．

この本の執筆・編集にあたっては，たくさんの優れた教科書，参考書，文献，インターネットのウェブサイトを参考にさせていただきました．これらの著者のみなさまには心より深く感謝いたします．また，共立出版の石井徹也氏には企画・編集・出版でたいへんお世話になりお礼申し上げます．

2004 年 2 月

飯島徹穂

目 次

第1章　数と式
- 1.1　数の計算 1
- 1.2　平方根の計算 4
- 1.3　累乗根の計算 6
- 1.4　指数計算 8
- 1.5　対数計算 11
- 1.6　複素数の計算 15
- 1.7　式の計算 17
- 1.8　式の展開 19
- 1.9　因数分解 20
- 1.10　分数式の計算 22
- 1.11　無理式の計算 24

第2章　方程式と不等式
- 2.1　1次方程式 27
- 2.2　2次方程式 28
- 2.3　連立2元1次方程式 32
- 2.4　不等式 34
- 2.5　不等式の表す領域 38

第3章　三角比
- 3.1　三角比の定義 41
- 3.2　三角比の相互関係 43
- 3.3　正弦定理と余弦定理 44

第4章　関数とグラフ
- 4.1　1次関数 47
- 4.2　2次関数 49
- 4.3　三角関数 53
- 4.4　指数関数 64
- 4.5　対数関数 66

第5章　数　列
- 5.1　等差数列 69
- 5.2　等比数列 70
- 5.3　いろいろな数列の和 71

第6章　2次曲線
- 6.1　円 ... 75
- 6.2　楕円 ... 77
- 6.3　双曲線 ... 79

第7章　微分法
- 7.1　関数の極限 ... 83
- 7.2　微分係数と導関数 ... 85
- 7.3　微分計算 ... 89
- 7.4　微分の応用 ... 93

第8章　積分法
- 8.1　不定積分 ... 99
- 8.2　定積分 ... 102
- 8.3　積分の応用 ... 104

第9章　ベクトル
- 9.1　ベクトルの意味 ... 109
- 9.2　ベクトルの演算 ... 111
- 9.3　ベクトルの成分 ... 116
- 9.4　ベクトルの内積 ... 119
- 9.5　ベクトルの応用 ... 122

第10章　行列式
- 10.1　行列式の定義 ... 127
- 10.2　クラメールの公式 ... 130

第11章　行　列
- 11.1　行列の定義 ... 133
- 11.2　行列の和・差と実数倍 ... 134
- 11.3　行列の積 ... 137
- 11.4　逆行列 ... 142
- 11.5　行列の応用 ... 145

第12章　統計処理
- 12.1　度数分布とヒストグラム ... 149
- 12.2　代表値 ... 153
- 12.3　散布度 ... 160

第13章　個数の処理
- 13.1　集合と要素 ... 165
- 13.2　集合の要素の個数 ... 170
- 13.3　場合の数 ... 171
- 13.4　順列 ... 173
- 13.5　組合せ ... 175

第14章　確　率
- 14.1　確率の意味 ... 177
- 14.2　確率の計算 ... 179
- 14.3　確率変数と期待値 ... 185

問題の解答　189
資料集　207
索　引　221

第1章

数と式

1.1 数の計算

計算の基礎である和・差・積・商を得る基本的な演算である加法・減法・乗法・除法を**四則演算**といいます．これらは日常生活や日々の学習で最も多く使われる計算であり，小学校以来，十分に練習し，習熟しているはずです．ここではいくつかの計算問題を解きながら間違いやすいところを指摘しておきましょう．

数と式の計算（加法と乗法）は，すべて次の法則に従って実行します．

■ 計算の基本法則

1) 交換法則

$$a+b=b+a$$
$$a\times b=b\times a$$

2) 結合法則

$$a+(b+c)=(a+b)+c$$
$$a\times(b\times c)=(a\times b)\times c$$

計算の手順

1. 乗($\times$)，除($\div$)は，加($+$)，減($-$)に優先して計算する．式の中に加減と乗除が混ざっているときは，まず乗除を優先して計算し，次に加減の計算を左から順に計算する．
2. 括弧を含む式では括弧の中を優先して計算する．

3）分配法則

$$a\times(b+c)=a\times b+a\times c$$
$$(b+c)\times a=b\times a+c\times a$$

■ 分数計算の規則

1）加法　$\dfrac{a}{b}+\dfrac{c}{d}=\dfrac{ad+bc}{bd}$

2）減法　$\dfrac{a}{b}-\dfrac{c}{d}=\dfrac{ad-bc}{bd}$

3）乗法　$\dfrac{a}{b}\times\dfrac{c}{d}=\dfrac{ac}{bd}$

4）除法　$\dfrac{a}{b}\div\dfrac{c}{d}=\dfrac{a}{b}\times\dfrac{d}{c}=\dfrac{ad}{bc}$

例題

次の計算をしてみましょう．

〔1〕 $2\times(-6)-(-5)+25\div 5$

〔2〕 $-3^2\times(-4)^2$

〔3〕 $0.6\times 102+0.04\times\dfrac{12^2}{0.3}$

〔4〕 $\dfrac{2}{3}\times\left(\dfrac{1}{2}+\dfrac{3}{5}\right)\div\dfrac{1}{3}$

← ×, ÷ は +, − に優先して計算．

← $-3^2=-(3\times 3)=-9$

← 掛け算をまず計算してから，左から順に計算．

← 括弧の中を優先して計算．

例解

〔1〕 $2\times(-6)-(-5)+25\div 5=(-12)+5+5=-2$

〔2〕 $-3^2\times(-4)^2=-9\times 16=-144$

〔3〕 $0.6\times 102+0.04\times\dfrac{12^2}{0.3}=61.2+0.04\times 480$

$=61.2+19.2$

$=80.4$

Note

数の分類

ものの個数を数えたり，ものの順序を表したりするときに用いられる数 $(1, 2, 3, \cdots)$ を**自然数**といいます．さらに 0（ゼロ）と負の数を導入して，自然数と 0（ゼロ）および負の数を総称して**整数**といいます．

2 つの整数 a, b において $\dfrac{a}{b}$ という数を考えて，これを**分数**といいます．分数には $\dfrac{1}{4} = 0.25$ のように有限の桁で割り切れる**有限小数**と，$\dfrac{1}{3} = 0.3333\cdots$ や $\dfrac{4}{33} = 0.1212\cdots$ のように，ある数が繰り返される**循環小数**があります．

整数と分数を総称して**有理数**といいます．循環しない無限小数となる数 $e, \pi, \sqrt{2}, \sqrt{3}, \cdots$ を考えて，これを**無理数**といいます．

有理数を数直線上にプロットすると数がぎっしりつまりますが，まだ数と数の間には隙間があります．この隙間を埋めるのが無理数です．有理数と無理数を総称して**実数**といいます．

実数の範囲では負の実数の平方根は考えられませんが，これが可能となるように**虚数**を考え，実数と虚数とを総称して**複素数**といいます．

〔4〕 $\dfrac{2}{3} \times \left(\dfrac{1}{2} + \dfrac{3}{5}\right) \div \dfrac{1}{3} = \dfrac{2}{3} \times \left(\dfrac{5}{10} + \dfrac{6}{10}\right) \div \dfrac{1}{3}$

$\qquad = \dfrac{2}{3} \times \dfrac{5+6}{10} \div \dfrac{1}{3}$

$\qquad = \dfrac{22}{30} \times \dfrac{3}{1} = \dfrac{11}{5}$

問題 1.1

次の計算をしてみよう．

〔1〕 $4 - 3 \times (-3)^3 + 2 \times (-4)^2 \div (-2)^3$

〔2〕 $\{-7 - (-5)\} \times (-3) - (-6)$

〔3〕 $(-3^2) + (-2^3) + (-4)^2$

〔4〕 $\dfrac{2}{3} - \left(2 - \dfrac{3}{4}\right) \div \left(-\dfrac{1}{5}\right) \times \dfrac{1}{5}$

1.2 平方根の計算

平方（2乗）して a となるような数を a の平方根といいます．

$a>0$ ならば，正の平方根を $\sqrt{a}$，負の平方根を $-\sqrt{a}$ と表します．$a=0$ ならば，a の平方根は 0，$a<0$ ならば，a の平方根は虚数になります．

⬅ $\sqrt{a}$ は "ルート (root) a" と読む．

― 例 ―

$2^2=4$, $(-2)^2=4$ のように，2乗すると4になる数は2と-2ですから，2と-2は4の平方根です．

■ 平方根の計算の規則

$a>0$, $b>0$ のとき

1) $(\sqrt{a})^2 = a$
2) $\sqrt{a}\sqrt{b} = \sqrt{ab}$
3) $\dfrac{\sqrt{b}}{\sqrt{a}} = \sqrt{\dfrac{b}{a}}$
4) $\sqrt{a^2 b} = a\sqrt{b}$

例題

次の計算をしてみましょう．

〔1〕 $\sqrt{32} - \sqrt{18}$

〔2〕 $\dfrac{\sqrt{24}}{\sqrt{2}}$

〔3〕 $(\sqrt{6}-\sqrt{2})(\sqrt{15}+\sqrt{5})$

〔4〕 $(\sqrt{12}+\sqrt{6})^2$

〔5〕 $\dfrac{1}{\sqrt{5}+\sqrt{2}}$

⬅ 根号内を素因数分解する．

⬅ $\dfrac{\sqrt{b}}{\sqrt{a}} = \sqrt{\dfrac{b}{a}}$ を利用．

⬅ $(a+b)^2 = a^2+2ab+b^2$

⬅ 分母を有理化する．

Note

誤　$\sqrt{a+b} = \sqrt{a}+\sqrt{b}$
　　$\sqrt{a-b} = \sqrt{a}-\sqrt{b}$
　　$\sqrt{a^2+b^2} = a+b$

例解

〔1〕 $\sqrt{32} - \sqrt{18} = 4\sqrt{2} - 3\sqrt{2} = \sqrt{2}$

〔2〕 $\dfrac{\sqrt{24}}{\sqrt{2}} = \sqrt{\dfrac{24}{2}} = \sqrt{12} = \sqrt{2^2 \times 3} = \sqrt{2^2} \times \sqrt{3} = 2\sqrt{3}$

〔3〕 $(\sqrt{6} - \sqrt{2})(\sqrt{15} + \sqrt{5}) = \sqrt{90} + \sqrt{30} - \sqrt{30} - \sqrt{10}$
$\qquad\qquad\qquad\qquad\qquad = \sqrt{9 \times 10} - \sqrt{10}$
$\qquad\qquad\qquad\qquad\qquad = 3\sqrt{10} - \sqrt{10} = 2\sqrt{10}$

〔4〕 $(\sqrt{12} + \sqrt{6})^2 = (2\sqrt{3} + \sqrt{6})^2$
$\qquad\qquad\quad = (2\sqrt{3})^2 + 2 \times 2\sqrt{3} \times \sqrt{6} + (\sqrt{6})^2$
$\qquad\qquad\quad = 12 + 4\sqrt{18} + 6$
$\qquad\qquad\quad = 12 + 4\sqrt{2 \times 9} + 6$
$\qquad\qquad\quad = 12 + 12\sqrt{2} + 6$
$\qquad\qquad\quad = 18 + 12\sqrt{2}$

〔5〕 $\dfrac{1}{\sqrt{5} + \sqrt{2}} = \dfrac{\sqrt{5} - \sqrt{2}}{(\sqrt{5} + \sqrt{2})(\sqrt{5} - \sqrt{2})}$
$\qquad\qquad = \dfrac{\sqrt{5} - \sqrt{2}}{(\sqrt{5})^2 - (\sqrt{2})^2}$
$\qquad\qquad = \dfrac{\sqrt{5} - \sqrt{2}}{5 - 2}$
$\qquad\qquad = \dfrac{\sqrt{5} - \sqrt{2}}{3}$

⬅ $\sqrt{32} = \sqrt{(2 \times 2) \times (2 \times 2) \times 2}$
$\qquad = \sqrt{4^2 \times 2} = 4\sqrt{2}$

⬅ $(\sqrt{6} - \sqrt{2})(\sqrt{15} + \sqrt{5})$

⬅ 分母, 分子に $(\sqrt{5} - \sqrt{2})$ を掛ける.

分母の有理化

分母に根号を含む式を, 分母に根号を含まない式に変形することを, 分母を**有理化する**という.

$(\sqrt{a} + \sqrt{b})(\sqrt{a} - \sqrt{b})$
$\quad = (\sqrt{a})^2 - (\sqrt{b})^2$
$\quad = a - b$

問題 1.2

次の計算をしてみよう.

〔1〕 $4\sqrt{27} + \sqrt{75}$

〔2〕 $\dfrac{\sqrt{24}}{\sqrt{3}}$

〔3〕 $(\sqrt{2} - \sqrt{5})(\sqrt{2} + \sqrt{5})$

〔4〕 $3\sqrt{8} + \sqrt{18} - \sqrt{32}$

〔5〕 $\dfrac{\sqrt{5} - \sqrt{3}}{\sqrt{5} + \sqrt{3}}$

1.3 累乗根の計算

一般に，n が 2 以上の整数のとき，n 乗して a になる数，つまり $x^n = a$ の x の値を a の n 乗根といい，$\sqrt[n]{a}$ と書き表します．a の 2 乗根（平方根），3 乗根（立方根），4 乗根，5 乗根，… を総称して a の累乗根といいます．

- n が奇数の場合

  a の n 乗根は a の正負に関係なく，ただ 1 つ存在します．それを $\sqrt[n]{a}$ と書きます．

- n が偶数の場合

  $a > 0$ のとき ——

  a の n 乗根は正と負の 2 つ存在します．正のほうは $\sqrt[n]{a}$，負のほうは $-\sqrt[n]{a}$ と書きます．

  $a < 0$ のとき ——

  a の n 乗根は存在しません．

→ 平方根 $\sqrt[2]{a}$ のときだけ，$\sqrt{a}$ と略記する．

■ 累乗根の性質

$a > 0$, $b > 0$ で，m, n, p が正の整数のとき

1) $\sqrt[n]{a}\,\sqrt[n]{b} = \sqrt[n]{ab}$

2) $\dfrac{\sqrt[n]{a}}{\sqrt[n]{b}} = \sqrt[n]{\dfrac{a}{b}}$

3) $\left(\sqrt[n]{a}\right)^n = a$

4) $\left(\sqrt[n]{a}\right)^m = \sqrt[n]{a^m}$

5) $\sqrt[m]{\sqrt[n]{a}} = \sqrt[n]{\sqrt[m]{a}} = \sqrt[mn]{a}$

n の偶数，奇数に関係なく，0 の n 乗根は 0 と定める．
$$\sqrt[n]{0} = 0$$

Note

6) $\sqrt[n]{a^m} = \sqrt[np]{a^{mp}}$

例題

次の計算をしてみましょう．

〔1〕 $\sqrt[4]{16}$

〔2〕 $\sqrt[3]{-27}$

〔3〕 $\sqrt[5]{4} \cdot \sqrt[5]{8}$

← $\sqrt[n]{a}\sqrt[n]{b} = \sqrt[n]{ab}$ を適用．

〔4〕 $\dfrac{\sqrt[4]{6}}{\sqrt[4]{96}}$

← $\dfrac{\sqrt[n]{a}}{\sqrt[n]{b}} = \sqrt[n]{\dfrac{a}{b}}$ を適用．

〔5〕 $\sqrt[3]{\sqrt{64}}$

← $\sqrt[m]{\sqrt[n]{a}} = \sqrt[mn]{\sqrt[m]{a}} = \sqrt[mn]{a}$ を適用．

例解

〔1〕 $\sqrt[4]{16} = \sqrt[4]{2^4} = 2^{\frac{4}{4}} = 2^1 = 2$

〔2〕 $\sqrt[3]{-27} = \sqrt[3]{(-3)^3} = -3$

〔3〕 $\sqrt[5]{4} \cdot \sqrt[5]{8} = \sqrt[5]{32} = \sqrt[5]{2^5} = 2$

〔4〕 $\dfrac{\sqrt[4]{6}}{\sqrt[4]{96}} = \sqrt[4]{\dfrac{1}{16}} = \dfrac{1}{2}$

〔5〕 $\sqrt[3]{\sqrt{64}} = \sqrt[3 \times 2]{64} = \sqrt[6]{2^6} = 2$

← $\sqrt[3]{8} = \sqrt[3]{2^3} = 2$

問題 1.3

次の計算をしてみよう．

〔1〕 $\sqrt[5]{-32}$

〔2〕 $\sqrt[4]{(-3)^4}$

〔3〕 $\sqrt[3]{3} \cdot \sqrt[3]{9}$

← $\sqrt[3]{3} \cdot \sqrt[3]{9}$ の "・" は，積を表す記号である．

〔4〕 $\dfrac{\sqrt[4]{32}}{\sqrt[4]{2}}$

〔5〕 $\left(\sqrt[6]{4}\right)^3$

1.4 指数計算

同じ数または文字を何回か掛け合わせた積を，その数または文字の累乗といい，累乗を表す右肩の数字を累乗の指数といいます．

指数計算は次のような指数法則を使って計算します．

■ 指数法則

$a \neq 0$, $b \neq 0$ で，m, n を任意の実数とするとき，次の公式が成り立ちます．

1) $a^m \times a^n = a^{m+n}$
2) $a^m \div a^n = \dfrac{a^m}{a^n} = a^{m-n}$
3) $\left(a^m\right)^n = a^{mn}$
4) $(ab)^n = a^n b^n$
5) $\left(\dfrac{a}{b}\right)^n = \dfrac{a^n}{b^n}$
6) $a^0 = 1$, $a^{-n} = \dfrac{1}{a^n}$

■ 分数の指数

$a > 0$ で，m が整数，n が正の整数のとき

$$a^{\frac{m}{n}} = \sqrt[n]{a^m} = \left(\sqrt[n]{a}\right)^m$$

であり，特に

$$a^{\frac{1}{n}} = \sqrt[n]{a}$$

---- 例 ----
$$5^{\frac{3}{4}} = \sqrt[4]{5^3}, \quad 2^{0.2} = 2^{\frac{1}{5}} = \sqrt[5]{2}$$

← 累乗のことを「冪(べき)」ともいう．

← 実数 $\begin{cases} \text{有理数} \begin{cases} \text{整数} \\ \text{分数} \end{cases} \\ \text{無理数} \end{cases}$

$\underbrace{(a \times a)}_{2個} \times \underbrace{(a \times a \times a)}_{3個} = a^{2+3}$

$\underbrace{(a \times a)}_{2個} \times \underbrace{(a \times a)}_{2個} \times \underbrace{(a \times a)}_{2個} = a^{2 \times 3}$

Note

1.4 指数計算

例題

次の値を求めてみましょう．

〔1〕 $16^{\frac{1}{2}}$

〔2〕 $100^{1.5}$

例解

〔1〕 $16^{\frac{1}{2}} = (4^2)^{\frac{1}{2}} = 4$

〔2〕 $100^{1.5} = (10^2)^{\frac{3}{2}} = 10^3 = 1000$

問題 1.4

次の値を求めてみよう．

〔1〕 $25^{\frac{3}{2}}$

〔2〕 $32^{-\frac{4}{5}}$

例題

次の計算をしてみましょう．

〔1〕 $(10^2)^{-2} \div 10^{-4}$

〔2〕 $(2.3 \times 10^5) \times (0.3 \times 10^{-2})$

〔3〕 $6^3 \div 2^4 \times 3^{-2}$

〔4〕 $(\sqrt[3]{2} \times 2 \div \sqrt{2^3})^{-6}$

⬅ $(a^m)^n = a^{mn}$

⬅ $a^{\frac{m}{n}} = \sqrt[n]{a^m} = (\sqrt[n]{a})^m$

例解

〔1〕 $(10^2)^{-2} \div 10^{-4} = 10^{-4} \div 10^{-4}$
$= 10^{-4-(-4)}$
$= 10^{-4+4}$
$= 10^0 = 1$

⬅ $a^0 = 1$ を適用．

〔2〕 $(2.3\times 10^5)\times(0.3\times 10^{-2}) = 2.3\times 0.3\times 10^5 \times 10^{-2}$
$= 0.69\times 10^{5-2}$
$= 0.69\times 10^3$
$= 690$

〔3〕 $6^3\div 2^4\times 3^{-2} = (2\times 3)^3\times 2^{-4}\times 3^{-2}$
$= 2^{3-4}\times 3^{3-2}$
$= 2^{-1}\cdot 3 = \dfrac{3}{2}$

〔4〕 $\left(\sqrt[3]{2}\times 2 \div \sqrt{2^3}\right)^{-6} = \left(2^{\frac{1}{3}+1-\frac{3}{2}}\right)^{-6}$
$= \left(2^{-\frac{1}{6}}\right)^{-6} = 2$

↻ $a^m\times a^n = a^{m+n}$
$a^m\div a^n = \dfrac{a^m}{a^n} = a^{m-n}$

問題 1.5

次の計算をしてみよう．

〔1〕 $(5^3)^2 \div 5^5$

〔2〕 $6^4 \div 2^4 \times 3^{-4}$

〔3〕 $(5\times 10^6)\times(2\times 10^{-5})$

〔4〕 $\sqrt{a}\times \sqrt[3]{a}$ $\quad (a>0)$

Note

1.5 対数計算

1 対数の定義

一般に，$a>0$, $a\neq 1$ のとき，正の数 p に対して，$p=a^x$ となる x の値 q がただ 1 つ定まります．この q を

$$\log_a p$$

で表し，a を底とする p の対数といい，p をこの対数の真数といいます．p は常に正になります．

したがって，$a>0$, $a\neq 1$ のとき

$$q=\log_a p \iff p=a^q$$

が成り立ちます．

この定義から $\log_a 1 = 0$, $\log_a a = 1$ になることがすぐにわかります．

> 対数記号 log（ログ）は，logarithm（ロガリズム）の略．

例題

次の等式を $q=\log_a p$ で表してみましょう．

〔1〕 $2^5 = 32$

〔2〕 $27^{\frac{1}{3}} = 3$

例解

〔1〕 $2^5 = 32 \iff 5 = \log_2 32$

〔2〕 $27^{\frac{1}{3}} = 3 \iff \dfrac{1}{3} = \log_{27} 3$

> 記号 A⇔B は A と B が同値，すなわち A と B の数学的内容が一致していることを示す．

問題 1.6

次の等式を $q=\log_a p$ で表してみよう．

〔1〕 $64^{\frac{1}{3}} = 4$ 〔2〕 $3^{-2} = \dfrac{1}{9}$

例題

次の等式を $p=a^q$ で表してみましょう．

〔1〕 $\log_2 8 = 3$　　〔2〕 $\log_8 2 = \dfrac{1}{3}$

例解

〔1〕 $\log_2 8 = 3 \Leftrightarrow 2^3 = 8$

〔2〕 $\log_8 2 = \dfrac{1}{3} \Leftrightarrow 8^{\frac{1}{3}} = 2$

問題 1.7

次の等式を $p=a^q$ で表してみよう．

〔1〕 $\log_3 3 = 1$　　〔2〕 $\log_9 27 = \dfrac{3}{2}$

例題

$q = \log_a p \Leftrightarrow p = a^q$ を利用して $\log_3 27$ の値を求めてみましょう．

例解

$\log_3 27 = x$ とおくと，定義から $3^x = 27$ となる．

すなわち

$3^x = 3^3$

$\therefore \ x = 3$

したがって

$\log_3 27 = 3$

問題 1.8

次の計算をしてみよう．

〔1〕 $\log_2 16$　　〔2〕 $\log_{\frac{1}{2}} 2$

Note

2 対数の性質

指数法則から，$a>0$，$a\neq1$ で，$m>0$，$n>0$ のとき，次の公式が導かれます．

1）$\log_a(mn)=\log_a m+\log_a n$

2）$\log_a\left(\dfrac{m}{n}\right)=\log_a m-\log_a n$，特に $\log_a\dfrac{1}{n}=-\log_a n$

3）$\log_a m^x=x\log_a m$

また，$a>0$，$a\neq1$，$b>0$，$c>0$（$c\neq1$）のとき

4）$\log_a b=\dfrac{\log_c b}{\log_c a}$　（底変換公式）

例題

対数の性質を利用して，次の式を簡単にしてみましょう．

〔1〕$\log_3 2-\log_3 18$

〔2〕$\log_2 3-\log_2 24+2\log_2\sqrt{8}$

〔3〕$(\log_2 3)(\log_3 4)(\log_4 2)$

➡ $\log_a\left(\dfrac{m}{n}\right)=\log_a m-\log_a n$

➡ $\log_a(mn)=\log_a m+\log_a n$

➡ $\log_a b=\dfrac{\log_c b}{\log_c a}$

例解

〔1〕
$$\begin{aligned}\log_3 2-\log_3 18&=\log_3\frac{2}{18}\\&=\log_3\frac{1}{9}\\&=\log_3 3^{-2}\\&=-2\log_3 3\\&=-2\end{aligned}$$

➡ $\log_3 3=1$

〔2〕
$$\begin{aligned}\log_2 3-\log_2 24+2\log_2\sqrt{8}&=\log_2\frac{3\times\left(\sqrt{8}\right)^2}{24}\\&=\log_2\frac{24}{24}\\&=\log_2 1\\&=0\end{aligned}$$

➡ $\log_2 1=0\Leftrightarrow 2^0=1$

⚠

誤　$\log_a bx^m=m\log_a b+m\log_a x$

$\log_a q+\log_a p=\log_a q\cdot\log_a p$

$\dfrac{1}{\log_a p}=\log_a p^{-1}$

〔3〕 $(\log_2 3)(\log_3 4)(\log_4 2) = \dfrac{\log_{10} 3}{\log_{10} 2} \cdot \dfrac{\log_{10} 4}{\log_{10} 3} \cdot \dfrac{\log_{10} 2}{\log_{10} 4} = 1$

問題 1.9

対数の性質を利用して，次の式を簡単にしてみよう．

〔1〕 $2\log_2 6 + \log_2 \dfrac{2}{9}$

〔2〕 $\log_5 10 - \log_5 \dfrac{2}{5}$

〔3〕 $(\log_2 3 + \log_4 9)(\log_3 4 + \log_9 2)$

3 常用対数と自然対数

　微分・積分では自然対数が使われますが，物理学や化学では常用対数と自然対数がともに重要で，よく使われます．

　そこで，対数記号が常用対数か自然対数かをよく見極めることが必要です．常用対数と自然対数ともに底を省略して書くことがありますから注意しましょう．

　10 を底とする対数 $\log_{10} x$ を**常用対数**といい，底の 10 を省略して，$\log x$ と書くこともあります．

例

常用対数の値

$$\log 10 = 1 \qquad \log 100 = 2$$
$$\log 0.1 = -1 \qquad \log 0.01 = -2$$

　日常使う数は 10 進法であるので，常用対数を用いると複雑な計算が容易にでき，いろいろな計算によく利用されます．

→ 底の異なる対数の計算では，まず底を揃える．

常用対数の求め方

$$\begin{aligned}\log_{10} 216 &= \log_{10} 2.16 \times 10^2 \\ &= \log_{10} 2.16 + \log_{10} 10^2 \\ &= \log_{10} 2.16 + 2\end{aligned}$$

$\log_{10} 2.16$ の値は巻末の常用対数表から求める．対数表の左側の欄で 2.1，上側の欄で次の小数位の 6 を見下ろして，両方の列の交わったところの値を読むと，0.3345 になる．したがって

$$\log_{10} 216 = 2.3345$$

e を底とする対数 $\log_e x$ を**自然対数**といいます．底の e を省略して $\log x$ と書くこともあります．また，$\log_e x$ を $\ln x$ と書く場合もあります．

e の値は次の式から求められます．

$$e = \lim_{x \to \infty}\left(1+\frac{1}{x}\right)^x = 2.71828\cdots$$

↪ e の値は，ネーピアの数（Napier's number）とも呼ばれる．2.71828… の覚え方は，語呂合せで "鮒一箸二箸"．

↪ ln は自然対数をラテン語で書いた logarithmus naturalis の略．

↪ $e = \lim_{h \to 0}(1+h)^{\frac{1}{h}}$ とも書くことができる．

1.6 複素数の計算

平方して -1 になる数 i を**虚数単位**（$\sqrt{-1} = i$）といい，$a+bi$（a, b は実数）と表される数を**複素数**といいます．複素数では次のような四則演算ができます．

↪ i は imaginary number（虚数）の頭文字．

■ 複素数の四則演算

1) 加法 $(a+bi)+(c+di) = (a+c)+(b+d)i$
2) 減法 $(a+bi)-(c+di) = (a-c)+(b-d)i$
3) 乗法 $(a+bi)(c+di) = (ac-bd)+(ad+bc)i$
4) 除法 $\dfrac{a+bi}{c+di} = \dfrac{(a+bi)(c-di)}{(c+di)(c-di)}$
   $= \dfrac{ac+bd}{c^2+d^2} + \dfrac{bc-ad}{c^2+d^2}i \qquad (c+di \neq 0)$

↪ **共役な複素数**

2つの複素数 $a+bi$, $a-bi$ を互いに共役な複素数という．

共役複素数の和
$$(a+bi)+(a-bi) = 2a$$

共役複素数の積
$$(a+bi)(a-bi) = a^2 - b^2 i^2$$
$$= a^2 + b^2$$

誤 $\sqrt{-2}\sqrt{-8} = \sqrt{(-2)(-8)}$
$= \sqrt{16} = 4$

正 $\sqrt{-2}\sqrt{-8} = \sqrt{2}i\sqrt{8}i$
$= \sqrt{16}i^2 = -4$

例題

次の複素数の計算をしてみましょう．

〔1〕 $(2+3i)-(1-4i)$

〔2〕 $(5+3i)(2-7i)$

〔3〕 $\dfrac{2+3i}{1-5i}$

例解

〔1〕 $(2+3i)-(1-4i) = 2+3i-1+4i$
$= (2-1)+(3i+4i)$
$= 1+7i$

〔2〕 $(5+3i)(2-7i) = 10-35i+6i-21i^2$
$= 10-35i+6i-21\cdot(-1)$
$= 31-29i$

〔3〕 $\dfrac{2+3i}{1-5i} = \dfrac{(2+3i)(1+5i)}{(1-5i)(1+5i)}$
$= \dfrac{2+10i+3i+15i^2}{1-25i^2}$
$= \dfrac{-13+13i}{26}$
$= -\dfrac{1}{2}+\dfrac{1}{2}i$

複素数の計算の要領

1. 虚数部分を i の式で表し，i を普通の文字と同じように計算し，i^2 は -1 で置き換える．
2. i を含む分母があるときは，分母の有理化のように変形し，分母を実数に直す．
3. $\sqrt{-a}\ (a>0)$ の形の数は $\sqrt{-a}=\sqrt{a}\,i$ としてから計算し，i^2 は -1 で置き換える．

⬅ i^2 を -1 に置き換える．

i の逆数は $-i$
$$\dfrac{1}{i}=\dfrac{i}{i\cdot i}=\dfrac{i}{i^2}=\dfrac{i}{-1}=-i$$

問題 1.10

次の複素数の計算をしてみよう．

〔1〕 $(2-3i)-(5-7i)$

〔2〕 $(2-3i)(-1+4i)$

〔3〕 $\dfrac{1-2i}{3+i}-\dfrac{1+2i}{3-i}$

Note

1.7 式の計算

$3x^2$ のように，数と文字をいくつか掛け合わせた形の式を**単項式**といい，この数の部分を**係数**，文字の個数を単項式の**次数**といいます．$2x^3-4x^2-3x-1$ のように単項式の和として表される式を**多項式**といい，単項式と多項式を合わせて**整式**といいます．

⬅ 代数式 $\begin{cases} 有理式 \begin{cases} 整式 \begin{cases} 単項式 \\ 多項式 \end{cases} \\ 分数式 \end{cases} \\ 無理式 \end{cases}$

例題

次の計算をしてみましょう．

〔1〕 $(-2x+4-3x^2)-(x-2x^3+x^2+5)$

〔2〕 $(2x-5y)(x^2-2xy+3y^2)$

〔3〕 $(-2xy^2)^3 \times (-x^3y)^2$

〔4〕 $(12x^3y^2+4xy^2) \div 4xy$

〔5〕 $\dfrac{4a^2x^3}{3xy} \div \dfrac{8a^2b^4}{9x^2y^3}$

〔6〕 $(2x^3+3x^2-6x+2) \div (2x-1)$

例解

〔1〕 $(-2x+4-3x^2)-(x-2x^3+x^2+5)$
$= -2x+4-3x^2-x+2x^3-x^2-5$
$= 2x^3+(-3-1)x^2+(-2-1)x+(4-5)$
$= 2x^3-4x^2-3x-1$

⬅ $(x-2x^3+x^2+5)$ の符号をすべて変える．

〔2〕 $(2x-5y)(x^2-2xy+3y^2)$
$= 2x^3-4x^2y+6xy^2-5x^2y+10xy^2-15y^3$
$= 2x^3-9x^2y+16xy^2-15y^3$

⬅ **同類項**（整式において，文字の部分が同じである項）を1つにまとめ，次数の高い順に並べる．

〔3〕 $(-2xy^2)^3 \times (-x^3y)^2 = (-2)^3 x^3 y^6 \times x^6 y^2$
$= -8x^9 y^8$

⊙ 指数法則を適用.

⊙ 符号を決める.
$(-1)^{偶数} = +1, \quad (-1)^{奇数} = -1$

〔4〕 $(12x^3y^2 + 4xy^2) \div 4xy = \dfrac{12x^3y^2 + 4xy^2}{4xy}$
$= \dfrac{12x^3y^2}{4xy} + \dfrac{4xy^2}{4xy}$
$= 3x^2y + y$

〔5〕 $\dfrac{4a^2x^3}{3xy} \div \dfrac{8a^2b^4}{9x^2y^3} = \dfrac{4a^2x^3}{3xy} \times \dfrac{9x^2y^3}{8a^2b^4}$
$= \dfrac{3x^4y^2}{2b^4}$

⊙ 数の積と文字の積は，別々に計算.

〔6〕 $(2x^3 + 3x^2 - 6x + 2) \div (2x - 1) = x^2 + 2x - 2$

⊙
$$\begin{array}{r}
x^2 + 2x - 2 \\
2x-1 \overline{\smash{)} 2x^3 + 3x^2 - 6x + 2} \\
\underline{2x^3 - x^2 } \\
4x^2 - 6x \\
\underline{4x^2 - 2x } \\
-4x + 2 \\
\underline{-4x + 2} \\
0
\end{array}$$

問題 1.11 次の計算をしてみよう．

〔1〕 $(-2x^3 - 4x^2 + 7x + 6) + (-4x^3 + 8x - 3)$

〔2〕 $3a^2x \times (-2ax^2) \times (-4a^3x^3)$

〔3〕 $\dfrac{3x^3}{2y^2} \times \dfrac{5y^3}{4x^2}$

〔4〕 $\dfrac{3x - 2y}{4} - \dfrac{x - y}{2}$

〔5〕 $(2x^2 + x - 3) \div (x^2 - 2x + 1)$

Note

1.8 式の展開

整式の積の形の式を，その掛け算を実行して単項式の代数和の形にすることを，式を**展開**するといいます．

■ 展開公式

1) $(a \pm b)^2 = a^2 \pm 2ab + b^2$ （複号同順）

2) $(a \pm b)^3 = a^3 \pm 3a^2 b + 3ab^2 \pm b^3$ （複号同順）

3) $(a+b)(a-b) = a^2 - b^2$

4) $(x+a)(x+b) = x^2 + (a+b)x + ab$

5) $(ax+b)(cx+d) = acx^2 + (ad+bc)x + bd$

6) $(a+b+c)^2 = a^2 + b^2 + c^2 + 2ab + 2bc + 2ac$

例題

次の式を展開してみましょう．

〔1〕 $(2x+3)^2$

〔2〕 $(2x+1)(4x-3)$

〔3〕 $(x-4)(x^2-3x+2)$

〔4〕 $(2x+3y)^3$

例解

〔1〕 $(2x+3)^2 = 4x^2 + 2 \times 2x \times 3 + 3^2$
$= 4x^2 + 12x + 9$

〔2〕 $(2x+1)(4x-3)$
$= (2 \times 4)x^2 + \{2 \times (-3) + 1 \times 4\}x + 1 \times (-3)$
$= 8x^2 + (-6+4)x - 3$
$= 8x^2 - 2x - 3$

◉ 公式 1) を利用．

◉ 公式 2) を利用．

◉ 1つの文字について降べきの順（次数の高い項から順）に整理．

〔3〕 $(x-4)(x^2-3x+2) = x^3-3x^2+2x-4x^2+12x-8$
$= x^3-7x^2+14x-8$

〔4〕 $(2x+3y)^3 = (2x)^3+3(2x)^2(3y)+3(2x)(3y)^2+(3y)^3$
$= 8x^3+36x^2y+54xy^2+27y^3$

← 同類項を1つにまとめて整理．

$$\begin{array}{r} x^2-3x+2 \\ \times)\ x-4 \\ \hline x^3-3x^2+2x \\ -4x^2+12x-8 \\ \hline x^3-7x^2+14x-8 \end{array}$$

問題 1.12

次の式を展開してみよう．

〔1〕 $(x+y)^2+(x-y)^2$

〔2〕 $(x+4)(x^2-3x+2)$

〔3〕 $(2x-y)(2x+y)$

〔4〕 $(x^2+x+1)(x^2-x+1)$

1.9 因数分解

整式を2つ以上の整式の積の形に表すことを，その整式を**因数分解**する，あるいは**因数に分解する**といいます．

■ 因数分解の公式

1) $ma+mb = m(a+b)$

2) $a^2 \pm 2ab+b^2 = (a \pm b)^2$　　（複号同順）

3) $a^2-b^2 = (a+b)(a-b)$

4) $x^2+(a+b)x+ab = (x+a)(x+b)$

5) $acx^2+(ad+bc)x+bd = (ax+b)(cx+d)$

6) $a^3 \pm b^3 = (a \pm b)(a^2 \mp ab+b^2)$　　（複号同順）

7) $a^3 \pm 3a^2b+3ab^2 \pm b^3 = (a \pm b)^3$　　（複号同順）

8) $a^2+b^2+c^2+2ab+2bc+2ca = (a+b+c)^2$

因数分解の手順

1. 各項に共通因数があれば，くくり出す．
2. 因数分解の公式が，すぐ当てはめられるかどうか調べる．
3. 因数分解の公式がすぐ当てはまらない場合は
   (a) 式をまとめて置き換えたり，組み合わせたりして公式を用いる．
   (b) 次数の低い文字について整理する．

Note

例題

次の式を因数分解してみましょう．

[1] $a(x+y)-b(x+y)$　　← 公式 1) を利用．

[2] $9x^2-6xy+y^2$　　← 公式 2) を利用．

[3] $4x^2+9x+2$　　← たすきがけ．

[4] x^2+5x+6

[5] x^3+1　　← 公式 6) を利用．

[6] $xy^2-2xy-y^2+2y$

[7] $2a^2b+ab^2+2ac+bc$

例解

[1] $a(x+y)-b(x+y)=(x+y)(a-b)$

[2] $9x^2-6xy+y^2=(3x)^2-2\times 3x\times y+y^2$
$=(3x-y)^2$

[3] $4x^2+9x+2=(4x+1)(x+2)$

[4] $x^2+5x+6=(x+2)(x+3)$

←
$$\begin{array}{c}4 \quad\diagdown\quad 1 \rightarrow 1\\ 1 \quad\diagup\quad 2 \rightarrow 8\\ \hline 9\end{array}$$
(たすきがけは試行錯誤が大切)

[5] $x^3+1=x^3+1^3$
$=(x+1)(x^2-x\times 1+1^2)$
$=(x+1)(x^2-x+1)$

[6] $xy^2-2xy-y^2+2y=y(xy-2x-y+2)$
$=y\{(y-2)x-(y-2)\}$
$=y(y-2)(x-1)$

← 共通因数 $(y-2)$ でくくり出す．

[7] $2a^2b+ab^2+2ac+bc=c(2a+b)+(2a^2b+ab^2)$
$=c(2a+b)+ab(2a+b)$
$=(2a+b)(c+ab)$

← 最低次数の文字 c で整理する．
← 共通因数 $(2a+b)$ でくくり出す．

問題 1.13

次の式を因数分解してみよう．

〔1〕 $4a^2bc - 8ab^2c$

〔2〕 $4xy^2 - 25x^3$

〔3〕 $x^2 - 6x + 8$

〔4〕 $8a^3 + 27b^3$

〔5〕 $x^2 - 2y^2 - xy + 3y - 1$

〔6〕 $a^2(b-c) + b^2(c-a) + c^2(a-b)$

1.10 分数式の計算

分母・分子が整式である式を**分数式**といいます．分母・分子の少なくとも一方にさらに分数式を含む分数式を，**繁分数式**といいます．分数式の計算は，分数の計算と同じように行います．

分数式の性質

$$\frac{A}{B} = \frac{A \times C}{B \times C}$$

$$\frac{A}{B} = \frac{A \div C}{B \div C} \quad (C \neq 0)$$

例題

次の分数式を計算してみましょう．

〔1〕 $\dfrac{x^2 - y^2}{2x^2y} \times \dfrac{xy}{x-y}$

〔2〕 $\dfrac{3}{x+2} + \dfrac{2}{x-3}$

〔3〕 $\dfrac{2}{x^2 - 3x + 2} + \dfrac{1}{x-2}$

〔4〕 $\dfrac{\dfrac{x}{x^2+1}}{1 - \dfrac{1}{x^2+1}}$

Note

1.10 分数式の計算

例解

[1] $\dfrac{x^2-y^2}{2x^2y} \times \dfrac{xy}{x-y} = \dfrac{(x+y)(x-y)}{2x \times xy} \times \dfrac{xy}{x-y} = \dfrac{x+y}{2x}$

→ 約分する（分母と分子とをその公約数で割って簡単にすること）．

[2] $\dfrac{3}{x+2} + \dfrac{2}{x-3} = \dfrac{3(x-3)+2(x+2)}{(x+2)(x-3)}$

$= \dfrac{3x-9+2x+4}{(x+2)(x-3)}$

$= \dfrac{5x-5}{(x+2)(x-3)}$

→ 通分する（2つ以上の分数式の分母が同じになるように変形すること）．

[3] $\dfrac{2}{x^2-3x+2} + \dfrac{1}{x-2} = \dfrac{2}{(x-2)(x-1)} + \dfrac{1}{x-2}$

$= \dfrac{2+(x-1)}{(x-2)(x-1)} = \dfrac{2+x-1}{(x-2)(x-1)}$

$= \dfrac{x+1}{(x-2)(x-1)}$

[4] $\dfrac{\dfrac{x}{x^2+1}}{1-\dfrac{1}{x^2+1}} = \dfrac{\dfrac{x}{x^2+1}}{\dfrac{x^2+1}{x^2+1} - \dfrac{1}{x^2+1}} = \dfrac{\dfrac{x}{x^2+1}}{\dfrac{x^2+1-1}{x^2+1}}$

$= \dfrac{\dfrac{x}{x^2+1}}{\dfrac{x^2}{x^2+1}} = \dfrac{x}{x^2+1} \times \dfrac{x^2+1}{x^2} = \dfrac{1}{x}$

部分分数分解

分数式を簡単な分数式の和・差として表すことを部分分数に分解するという．

$\dfrac{x+1}{15x^2+19x+6} = \dfrac{2}{5x+3} - \dfrac{1}{3x+2}$

問題 1.14

次の分数式を計算してみよう．

[1] $\dfrac{x^2-y^2}{x+y} \times \dfrac{3xy}{x^2-xy}$

[2] $\dfrac{2}{x^2+3} - \dfrac{1}{x^2-2}$

[3] $\dfrac{2}{x^2+5x+6} \div \dfrac{2}{x^2+x-6}$

誤　$\dfrac{C}{A+B} = \dfrac{C}{A} + \dfrac{C}{B}$

$\dfrac{2}{x+3} = \dfrac{2}{x} + \dfrac{2}{3}$

正　$\dfrac{A+B}{C} = \dfrac{A}{C} + \dfrac{B}{C}$

〔4〕 $\dfrac{2-\dfrac{2}{1+x^2}}{1-\dfrac{1}{1+x^2}}$

1.11 無理式の計算

$\sqrt{a^2+b^2}$, $x+\sqrt{x^2+1}$ のように根号の中に文字が含まれている代数式を**無理式**といいます．

例題

次の式を簡単にしてみましょう．

〔1〕 $\left(\sqrt{1+x+x^2}-x\right)\left(\sqrt{1+x+x^2}+x\right)$

〔2〕 $\dfrac{x-1}{\sqrt{x}-1}$

〔3〕 $\dfrac{1}{\sqrt{x^2-2x}+x}-\dfrac{1}{\sqrt{x^2-2x}-x}$

例解

〔1〕 $\left(\sqrt{1+x+x^2}-x\right)\left(\sqrt{1+x+x^2}+x\right)$

$=\left(\sqrt{1+x+x^2}\right)^2-x^2$

$=1+x+x^2-x^2$

$=1+x$

↶ $(a+b)(a-b)=a^2-b^2$

〔2〕 $\dfrac{x-1}{\sqrt{x}-1}=\dfrac{(x-1)(\sqrt{x}+1)}{(\sqrt{x}-1)(\sqrt{x}+1)}$

$=\dfrac{(x-1)(\sqrt{x}+1)}{(\sqrt{x})^2-(1)^2}$

$=\dfrac{(x-1)(\sqrt{x}+1)}{x-1}=\sqrt{x}+1$

↶ 分母・分子に $(\sqrt{x}+1)$ を掛けて，分母を有理化する．

Note

誤 $\dfrac{\cancel{ab}+a^2}{\cancel{ab}+b^2}=\dfrac{a^2}{b^2}$

正 $\dfrac{a(b+\cancel{a})}{b(\cancel{a}+b)}=\dfrac{a}{b}$

〔3〕 $\dfrac{1}{\sqrt{x^2-2x}+x} - \dfrac{1}{\sqrt{x^2-2x}-x}$

$= \dfrac{\sqrt{x^2-2x}-x-\left(\sqrt{x^2-2x}+x\right)}{\left(\sqrt{x^2-2x}\right)^2-x^2}$

$= \dfrac{\sqrt{x^2-2x}-x-\sqrt{x^2-2x}-x}{x^2-2x-x^2}$

$= \dfrac{-2x}{-2x} = 1$

← $(a+b)(a-b)=a^2-b^2$ を利用して通分する．

問題 1.15

次の式を簡単にしてみよう．

〔1〕 $\dfrac{1}{x-\sqrt{x^2+1}} + x$

〔2〕 $\dfrac{1+\dfrac{x}{\sqrt{x^2+1}}}{x+\sqrt{x^2+1}}$

〔3〕 $\dfrac{x^2}{\sqrt{x^2+1}} - \sqrt{x^2+1}$

誤　$\sqrt{x^2+x} = \sqrt{x^2} + \sqrt{x}$
　　$\sqrt{x^2+x} = \left(x^2\right)^{\frac{1}{2}} + x^{\frac{1}{2}}$

第 2 章

方程式と不等式

2.1　1次方程式

ある文字が特定の値をとるときに限って成り立つ等式を**方程式**といいます．

未知数 x の 1 次方程式は，一般に $ax+b=0$ $(a\neq 0)$ と表されます．方程式が $ax+b=0$ の形に整理されていない場合には，**移項**したり，**分母を払う**などして，変形してから解きます．

例題

次の 1 次方程式を解いてみましょう．

〔1〕 $x-1=5x-9$

〔2〕 $\dfrac{1-x}{a}=\dfrac{x}{b}$ 　 $(a\neq 0,\ b\neq 0)$

例解

〔1〕　$\begin{aligned} x-1 &= 5x-9 \\ x-5x &= -9+1 \\ -4x &= -8 \\ \therefore\ x &= 2 \end{aligned}$

移項

等式では，その中に含まれる項の符号を変えて，左辺から右辺へ，あるいは右辺から左辺に移すことを**移項する**という．

未知数と既知数

方程式などで数値が知られていない数を**未知数**といい，方程式に含まれている未知数以外の文字や数を**既知数**という．

← $5x$ を左辺に，-1 を右辺に移項して同類項をまとめる．

← 両辺を -4 で割る．

〔2〕　　$\dfrac{1-x}{a} = \dfrac{x}{b}$

$b(1-x) = ax$

$b - bx = ax$

$(a+b)x = b$

$\therefore\ x = \dfrac{b}{a+b}$ 　　$(a+b \neq 0)$

← 両辺に ab を掛けて分母を払う.
← 展開して整理する.
← 同類項をまとめて，$a+b$ で両辺を割る.

問題 2.1

次の 1 次方程式を解いてみよう．

〔1〕 $7x - 6 = 29 + 2x$

〔2〕 $3t - 4 = 7t - 9$

〔3〕 $\dfrac{x}{x-5} = \dfrac{2}{7}$

〔4〕 $\dfrac{5(y-4)}{6} = \dfrac{y+4}{2}$

2.2　2次方程式

一般に，$ax^2 + bx + c = 0$（$a \neq 0$，a, b, c は実数）で表される x の方程式を x の 2 次方程式といい，この方程式を満たす x の値をこの方程式の解といいます．

■ 2次方程式 $ax^2 + bx + c = 0$ の解

$ax^2 + bx + c = 0$ の両辺を a で割ると

$$x^2 + \dfrac{b}{a}x + \dfrac{c}{a} = 0$$

左辺を $(x+A)^2 - B$ の形にするために

$$\left(\dfrac{b}{2a}\right)^2 - \dfrac{b^2}{4a^2}$$

を左辺に加えると

Note

$$x^2 + \frac{b}{a}x + \left(\frac{b}{2a}\right)^2 + \frac{c}{a} - \frac{b^2}{4a^2} = 0$$

$$\therefore \left(x + \frac{b}{2a}\right)^2 - \frac{b^2 - 4ac}{4a^2} = 0$$

さらに変形して

$$\left\{\left(x + \frac{b}{2a}\right) - \frac{\sqrt{b^2 - 4ac}}{2a}\right\}\left\{\left(x + \frac{b}{2a}\right) + \frac{\sqrt{b^2 - 4ac}}{2a}\right\} = 0$$

◀ $AB = 0 \Leftrightarrow A = 0$ または $B = 0$

したがって

$$\left\{\left(x + \frac{b}{2a}\right) - \frac{\sqrt{b^2 - 4ac}}{2a}\right\} = 0$$

$$\therefore x = \frac{-b + \sqrt{b^2 - 4ac}}{2a}$$

または

$$\left\{\left(x + \frac{b}{2a}\right) + \frac{\sqrt{b^2 - 4ac}}{2a}\right\} = 0$$

$$\therefore x = \frac{-b - \sqrt{b^2 - 4ac}}{2a}$$

2次方程式 $ax^2 + bx + c = 0 \ (a \neq 0)$ の解は

$$x = \frac{-b \pm \sqrt{b^2 - 4ac}}{2a}$$

◀ 特に, $b = 2b'$ のときは
$$x = \frac{-b' \pm \sqrt{b'^2 - ac}}{a}$$

であるから,根号の中の $b^2 - 4ac$ の値の正負により,解が実数か虚数になります.この意味から $b^2 - 4ac$ を判別式と呼びます.

ここで, $b^2 - 4ac = D$ とおくと

- $D > 0$ であれば,2つの解は実数となり,この解を
実数解

◀ D は「区別」を意味する英語 discriminant の頭文字.

- $D<0$ であれば，2つの解は虚数となり，この解を**虚数解**
- $D=0$ のときは，2つの解が一致し，見掛け上1つとなり，この解を**重解**

といいます．

■ 解と係数の関係

2次方程式 $ax^2+bx+c=0$ $(a\neq 0)$ の解は，解の公式からもわかるように2つあります．これを α, β とすると，左辺は

$$ax^2+bx+c=a(x-\alpha)(x-\beta)$$

と因数分解されるはずです．この式の右辺を展開して整理すると

$$ax^2+bx+c=ax^2-a(\alpha+\beta)x+a\alpha\beta$$

となります．この式は x の**恒等式**ですから，左辺と右辺の係数を比較することにより

- x^2 の係数 —— $a=a$
- x の係数 —— $b=-a(\alpha+\beta) \to \alpha+\beta=-\dfrac{b}{a}$
- 定数項 —— $c=a\alpha\beta \to \alpha\beta=\dfrac{c}{a}$

となります．

したがって，2次方程式 $ax^2+bx+c=0$ $(a\neq 0)$ の2つの解を α, β とすると

$$\alpha+\beta=-\frac{b}{a}, \quad \alpha\beta=\frac{c}{a}$$

となり，2次方程式の**解**と**係数**の関係が得られます．

2次方程式の解を求めるには因数分解による方法と解の公式による方法があります．

恒等式と方程式

式の中の文字にどのような数値を代入しても成り立つ等式を**恒等式**といい，式の中の文字に特定の数値を代入したときにだけ成り立つ等式を**方程式**という．

Note

例題

因数分解を使って，次の 2 次方程式の解を求めてみましょう．

$$x^2+5x+6=0$$

例解

左辺を因数分解することを考えます．x の 1 次の係数 5 を $(2+3)$，定数 6 を (2×3) と考え，式を書き換えると

$$x^2+(2+3)x+2\times 3=0$$
$$x^2+2x+3x+2\times 3=0$$
$$x(x+3)+2(x+3)=0$$

となり

$$(x+2)(x+3)=0$$

のように因数分解されます．

ここで，2 つの 1 次式の積が 0 であるので，少なくとも一方が 0 でなくてはなりません．すなわち $(x+2)=0$ または $(x+3)=0$ となります．

したがって，この 2 次方程式の解は $x=-2$ または $x=-3$ と求められます．

例題

解の公式を使って，次の 2 次方程式の解を求めてみましょう．

$$x^2+3x-2=0$$

例解

2 次方程式 $ax^2+bx+c=0\ (a\neq 0)$ の解の公式

$$x=\frac{-b\pm\sqrt{b^2-4ac}}{2a}$$

を用います．$x^2+3x-2=0$ の a, b, c の値は，$a=1$，$b=3$，$c=-2$ であるから，これらの値を解の公式に代入すると

$$x = \frac{-3 \pm \sqrt{9-4\cdot 1\cdot(-2)}}{2\cdot 1} = \frac{-3 \pm \sqrt{17}}{2}$$

となります．

したがって，この 2 次方程式の解は

$$x = \frac{-3+\sqrt{17}}{2} \ \text{または} \ x = \frac{-3-\sqrt{17}}{2}$$

と求められます．

| 問題 | 2.2

次の 2 次方程式を解いてみよう．
〔1〕$x^2-4x+3=0$
〔2〕$x^2+2=0$
〔3〕$2x^2-9x+4=0$
〔4〕$\dfrac{1}{6}x^2+\dfrac{1}{2}x-1=0$

2.3 連立 2 元 1 次方程式

連立 2 元 1 次方程式の解法には，主として代入法と加減法が用いられます．そのほかに，行列式を利用して解く方法もあります．3 元以上の連立方程式もまったく同様な方法により解くことができます．

| 例題 |

次の連立 2 元 1 次方程式を代入法と加減法を使って解いてみましょう．

$$\begin{cases} 5x+3y=12 \\ 7x+4y=15 \end{cases} \quad \cdots\cdots (1) \\ \cdots\cdots (2)$$

↶ 方程式に含まれる未知数の個数 $(1, 2, \cdots, n)$ に従って 1 元，2 元，$\cdots$，n 元方程式という．

Note

例解（代入法）

式 (1) より

$$x = \frac{12-3y}{5} \quad \cdots\cdots (3)$$

式 (3) を式 (2) に代入して

$$\frac{7(12-3y)}{5} + 4y = 15 \quad \cdots\cdots (4)$$

式 (4) の両辺に 5 を掛けて

$$7(12-3y) + 20y = 75$$
$$84 - 21y + 20y = 75$$
$$-y = -9$$
$$\therefore \ y = 9 \quad \cdots\cdots (5)$$

式 (5) を式 (3) に代入すると

$$\therefore \ x = \frac{12 - 3 \times 9}{5} = -3$$

したがって，$(x, y) = -3, 9$

例解（加減法）

式 (1) の両辺に 7 を掛けて

$$35x + 21y = 84 \quad \cdots\cdots (3)$$

式 (2) の両辺に 5 を掛けて

$$35x + 20y = 75 \quad \cdots\cdots (4)$$

式 (3) − 式 (4)

$$\therefore \ y = 9$$

これを式 (1) に代入して x の値を求める．

$$5x + 27 = 12$$
$$5x = 12 - 27$$
$$5x = -15$$

∴ $x = -3$

したがって，$(x, y) = -3, 9$

> **問題** 2.3
>
> 次の連立 2 元 1 次方程式を代入法と加減法を使って解いてみよう．
>
> (1) $\begin{cases} x+y=6 \\ 2x+4y=16 \end{cases}$ (2) $\begin{cases} 2x+y=7 \\ x+3y=6 \end{cases}$

2.4 不等式

不等号 $<$ $>$ または $\leqq$ $\geqq$ を用いて表された関係を**不等式**といい，不等号の両側にある数または式の大小関係を表します．$2x>6$ で表される不等式は，$x>3$ であるような実数 x に対してのみ成り立ちます．このように，不等式を満たす x の範囲を求めることを**不等式を解く**といいます．不等式には次のような基本性質があります．

■ 不等式の基本性質

1) $a>b$, $b>c$ ならば, $a>c$

2) $a>b$ ならば, $a \pm c > b \pm c$

3) $a>b$ ならば
    - $c>0$ のとき, $ac>bc$, $\dfrac{a}{c} > \dfrac{b}{c}$
    - $c<0$ のとき, $ac<bc$, $\dfrac{a}{c} < \dfrac{b}{c}$

4) $a>b$, $c>d$ ならば, $a+c>b+d$

5) $a>b>0$, $c>d>0$ ならば, $ac>bd$

6) $a>b>0$ ならば, $a^2>b^2$

   $a<b<0$ ならば, $a^2<b^2$

Note

■ 2次不等式の解

2次不等式 $ax^2+bx+c>0$ ($a\neq 0$) の解は，2次方程式 $ax^2+bx+c=0$ の判別式 $D=b^2-4ac$ の正負によって，次のようにまとめられます．

- $D=b^2-4ac>0$ ならば

$$ax^2+bx+c=a(x-\alpha)(x-\beta) \quad (\alpha<\beta)$$

となり，$a>0$ のとき

$ax^2+bx+c>0$ の解は $x<\alpha,\ x>\beta$

$ax^2+bx+c<0$ の解は $\alpha<x<\beta$

不等号 $>$ または $<$ の代わりに，$\geqq$ または $\leqq$ が用いられていれば，上で述べた解のほかに $x=\alpha$ と $x=\beta$ が解に含まれます．

- $D=b^2-4ac=0$ ならば

$$ax^2+bx+c=a(x-\alpha)^2$$

となり，$a>0$ のとき

$ax^2+bx+c>0$ の解は $x=\alpha$ 以外のすべての実数

$ax^2+bx+c<0$ の解は存在しない

- $D=b^2-4ac<0$ ならば，$a>0$ のとき

$ax^2+bx+c>0$ の解はすべての実数

$ax^2+bx+c<0$ の解は存在しない

例題

次の不等式を解いてみましょう．

〔1〕 $3x-4<5x+6$

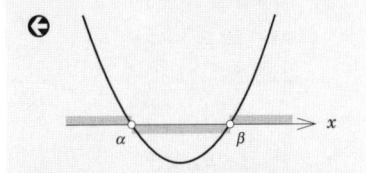

〔2〕 $4x-5\leqq 2x+3$

〔3〕 $x^2-5x+6\leqq 0$

〔4〕 $\begin{cases} x^2+2x<35 \\ x^2-8x<-7 \end{cases}$ ……… (1)
……… (2)

例解

〔1〕 $3x-4<5x+6$
$3x-5x<6+4$
$-2x<10$
∴ $x>-5$

⬅ 移項して x を含む項と定数項に分ける.

⬅ 不等式では,両辺に負の数を掛けたり,負の数で割ったりするときは,不等号の向きが変わる.

〔2〕 $4x-5 \leqq 2x+3$
$4x-2x \leqq 3+5$
$2x \leqq 8$
∴ $x \leqq 4$

〔3〕 $x^2-5x+6 \leqq 0$

2 次不等式は 2 次方程式の解を利用して解きましょう.

x 軸との共有点の x 座標は,2 次方程式 $x^2-5x-6=0$ より

$(x-2)(x-3)=0$

∴ $x=2, 3$

グラフは下図のようになるので,$y \leqq 0$ となる x の範囲は $2 \leqq x \leqq 3$ になります.

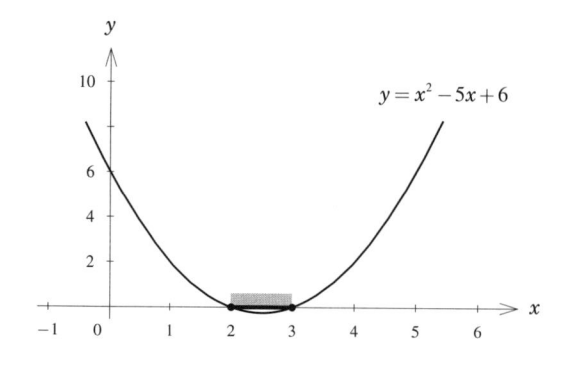

⬅ グラフ上で,●は範囲に含まれ,○は範囲に含まれない.

Note

〔4〕 $\begin{cases} x^2+2x<35 \\ x^2-8x<-7 \end{cases}$ .... (1) .... (2)

式 (1) より
$$x^2+2x-35<0$$
$$(x+7)(x-5)<0$$
$$\therefore \quad -7<x<5 \quad \cdots\cdots\cdots (3)$$

式 (2) より
$$x^2-8x+7<0$$
$$(x-1)(x-7)<0$$
$$\therefore \quad 1<x<7 \quad \cdots\cdots\cdots (4)$$

したがって, (3), (4) を同時に満たす x の値の範囲は
$$1<x<5$$

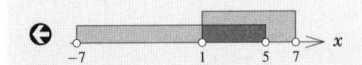

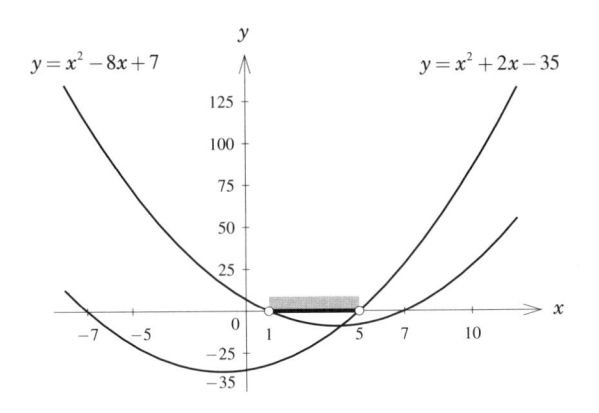

区間の表し方

1) 開区間 $(a<x<b)$
   ── 記号 (a, b)
2) 閉区間 $(a \leqq x \leqq b)$
   ── 記号 $[a, b]$
3) 右半開区間 $(a \leqq x < b)$
   ── 記号 $[a, b)$
4) 左半閉区間 $(a < x \leqq b)$
   ── 記号 $(a, b]$

問題 2.4

次の不等式を解いてみよう.

〔1〕 $3x-5<5x+3$

〔2〕 $x^2-3x-10<0$

〔3〕 $-x^2+x+2>0$

〔4〕 $\begin{cases} x^2+2x-1<0 \\ x^2-2x-3\geqq 0 \end{cases}$ .... (1) .... (2)

2.5 不等式の表す領域

ここでは x と y を含んだ式 $f(x, y)$ の不等式について考えてみます．

不等式 $f(x, y) > 0$ または $f(x, y) \geqq 0$ を満たす点 (x, y) 全体の集合を，その不等式の表す**領域**といいます．また，$f(x, y) = 0$ を満たす点 (x, y) 全体の集合を，その領域の**境界**といいます．

x, y の 1 次方程式 $y = ax + b$ を満たす点 (x, y) 全体の集合は直線です．

一般に

- 1 次不等式 $y > ax + b$ の表す領域は，直線 $y = ax + b$ の上側
- 1 次不等式 $y < ax + b$ の表す領域は，直線 $y = ax + b$ の下側

また

- $x^2 + y^2 < r^2$ の表す領域は，円 $x^2 + y^2 = r^2$ の内部
- $x^2 + y^2 > r^2$ の表す領域は，円 $x^2 + y^2 = r^2$ の外部

になります．

例題

次の不等式の表す領域を図示してみましょう．

〔1〕 $y > 2x + 1$

〔2〕 $(x+2)^2 + (y-1)^2 \leqq 4$

〔3〕 $\begin{cases} y < 2x + 1 & \cdots\cdots (1) \\ y > -x + 1 & \cdots\cdots (2) \end{cases}$

↶ 連立不等式の表す領域は，それぞれの不等式の表す領域の共通部分．

Note

例解

[1] 領域の境界は $y=2x+1$ の直線です．次に境界上にない点，例えば点 $(0, 0)$ について，この不等式が成立するのか，しないのかを調べます．この不等式に $x=0$, $y=0$ を代入すると，この不等式は成立しません．したがって，点 $(0, 0)$ の属さない側が求める領域（灰色で示される部分）になります．ただし，境界は含みません．

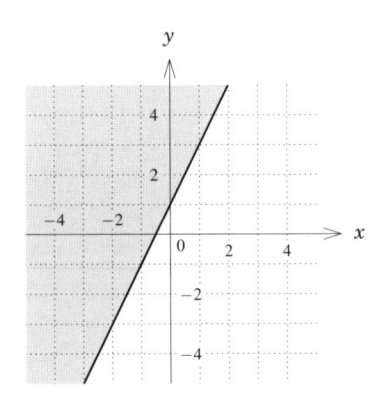

間違いやすい不等式と領域

$xy<1$

$y<\dfrac{1}{x}$

[2] 領域の境界は $(x+2)^2+(y-1)^2=4$ の円です．次に境界上にない点，例えば点 $(-2, 1)$ について，この不等式が成立するのか，しないのかを調べます．この不等式に $x=-2, y=1$ を代入すると，この不等式は成立します．したがって，点 $(-2, 1)$ の属する側が求める領域（灰色で示される部分）になります．ただし，境界を含みます．

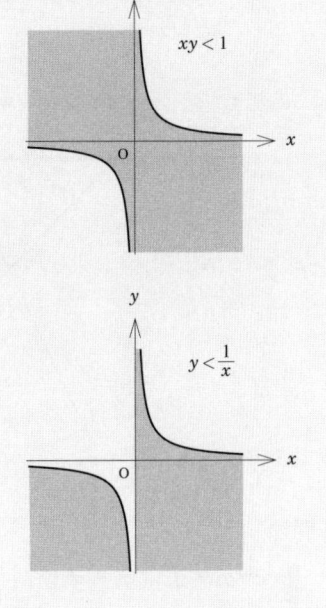

第2章 方程式と不等式

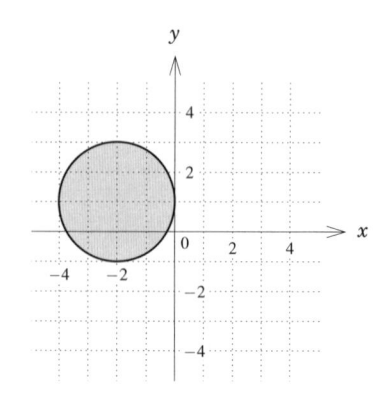

〔3〕不等式 (1), (2) を同時に満たす領域は, (1) の表す領域と (2) の表す領域に共通の領域です. ただし, 境界は含みません.

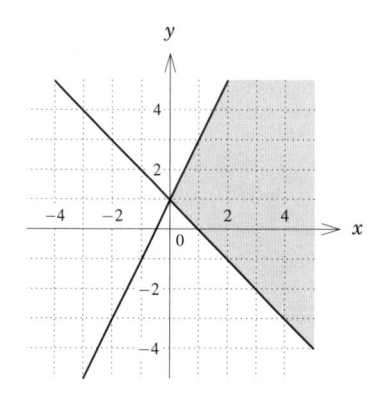

| 問題 | 2.5

次の不等式の表す領域を図示してみよう.

〔1〕 $y > -2x - 1$

〔2〕 $(x-2)^2 + (y+2)^2 \leqq 9$

〔3〕 $\begin{cases} y \leqq x + 1 & \cdots\cdots (1) \\ x^2 + y^2 \leqq 4 & \cdots\cdots (2) \end{cases}$

Note

第3章

三角比

3.1 三角比の定義

直角三角形の 2 辺の比の値に着目すると

1) 正弦 —— $\sin\theta = \dfrac{a}{b}$

2) 余弦 —— $\cos\theta = \dfrac{c}{b}$

3) 正接 —— $\tan\theta = \dfrac{a}{c}$

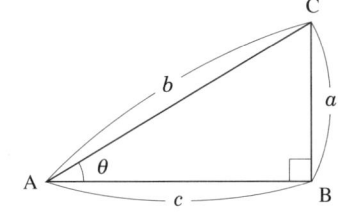

を角 θ の三角比といいます．

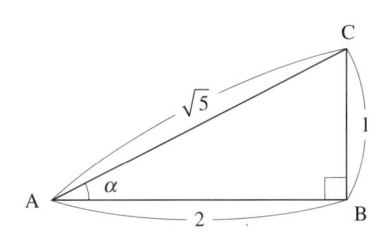

← 正弦は sine（サイン），余弦は cosine（コサイン），正接は tangent（タンジェント）と読む．

余接 (cotangent, コタンジェント)，
正割 (secant, セカント)，
余割 (cosecant, コセカント) は，それぞれ

$$\cot x = \dfrac{1}{\tan x}$$

$$\sec x = \dfrac{1}{\cos x}$$

$$\operatorname{cosec} x = \dfrac{1}{\sin x}$$

例題

〔1〕図の直角三角形 ABC において，α の正弦，余弦，正接の値を求めてみましょう．

〔2〕次の三角比の値を求めてみましょう．

$$\sin 30° \quad \sin 60° \quad \sin 45°$$

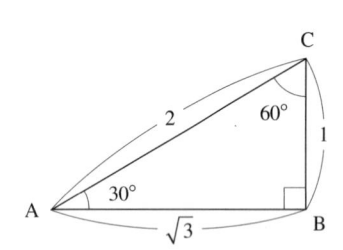

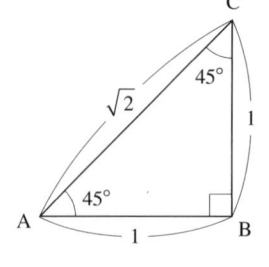

三角比の覚え方

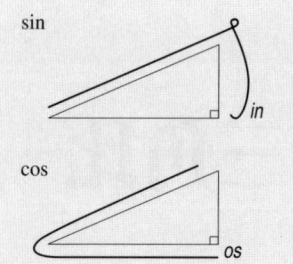

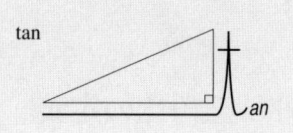

例解

〔1〕 $\sin\alpha = \dfrac{1}{\sqrt{5}} \qquad \cos\alpha = \dfrac{2}{\sqrt{5}} \qquad \tan\alpha = \dfrac{1}{2}$

〔2〕 $\sin 30° = \dfrac{1}{2} \qquad \sin 60° = \dfrac{\sqrt{3}}{2} \qquad \sin 45° = \dfrac{1}{\sqrt{2}}$

問題 3.1

〔1〕次の直角三角形で，角 β の正弦，余弦，正接の値を求めてみよう．

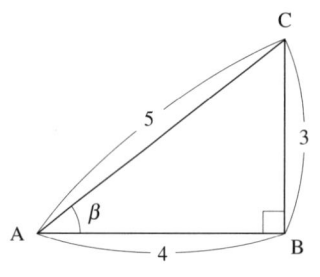

〔2〕次の三角比の値を求めてみよう．

$$\cos 30° \quad \tan 60° \quad \cos 45°$$

Note

3.2 三角比の相互関係

図のように，半径 1 の単位円上に点 P (x, y) をとると

$y = \sin\theta$

$x = \cos\theta$

$\dfrac{y}{x} = \tan\theta$

であるから

$\tan\theta = \dfrac{\sin\theta}{\cos\theta}$

$\sin^2\theta + \cos^2\theta = 1$

となります．

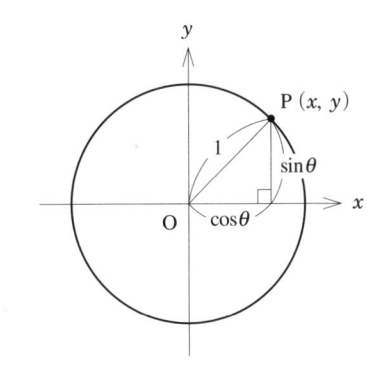

さらに，$\sin^2\theta + \cos^2\theta = 1$ の両辺を $\cos^2\theta$ で割ると

$1 + \tan^2\theta = \dfrac{1}{\cos^2\theta} = \sec^2\theta$

が得られます．

これらを整理すると次のようになります．

■ 三角比の相互関係

1) $\sin^2\theta + \cos^2\theta = 1$

2) $\tan\theta = \dfrac{\sin\theta}{\cos\theta}$

3) $1 + \tan^2\theta = \dfrac{1}{\cos^2\theta} = \sec^2\theta$

例題

$\cos\alpha = \dfrac{4}{5}$ のときの〔1〕$\sin\alpha$，〔2〕$\tan\alpha$ の値を三角比の相互関係を用いて求めてみましょう．

↶ 半径 1 の円を**単位円**という．

↶ 三平方の定理（ピタゴラスの定理）から
$x^2 + y^2 = 1$

↶ $(\sin\theta)^2 = \sin^2\theta$
$(\cos\theta)^2 = \cos^2\theta$
$(\tan\theta)^2 = \tan^2\theta$

↶ $\sec\theta = \dfrac{1}{\cos\theta}$

例解

〔1〕 $\sin^2\alpha = 1 - \cos^2\alpha = 1 - \left(\dfrac{4}{5}\right)^2 = \dfrac{9}{25}$

$\sin\alpha > 0$ であるから

$\therefore \sin\alpha = \sqrt{\dfrac{9}{25}} = \dfrac{3}{5}$

〔2〕 $\tan\alpha = \dfrac{\sin\alpha}{\cos\alpha} = \dfrac{3}{5} \div \dfrac{4}{5} = \dfrac{15}{20} = \dfrac{3}{4}$

問題 3.2

$\angle\beta$ が鋭角で，$\sin\beta = \dfrac{2}{3}$ のとき，$\cos\beta, \tan\beta$ の値を求めてみよう．

3.3 正弦定理と余弦定理

図のように，△ABC に対して，3つの頂点をすべて通る円はただ1つあります．この円を △ABC の**外接円**といいます．外接円の半径を R とすると次の**正弦定理**が成り立ちます．

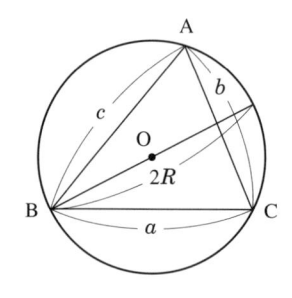

$$\dfrac{a}{\sin A} = \dfrac{b}{\sin B} = \dfrac{c}{\sin C} = 2R$$

また，△ABC に対して次の**余弦定理**が成り立ちます．

$a^2 = b^2 + c^2 - 2bc\cos A$

$b^2 = c^2 + a^2 - 2ca\cos B$

$c^2 = a^2 + b^2 - 2ab\cos C$

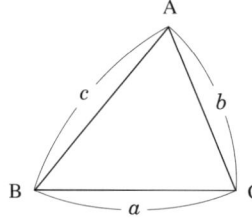

正弦定理は三角形の1辺と2角が与えられているとき，残りの辺の長さを求めるのに用いられる．正弦定理は比の形で

$a : b : c = \sin A : \sin B : \sin C$

と書くことがある．

余弦定理は，次のようなときに用いられる．
- 三角形の2辺の長さとその間の角の大きさが与えられているとき，残りの辺の長さを求める．
- 三角形の3辺の長さが与えられているとき，角の大きさを求める．

Note

例題

〔1〕 $\triangle$ABC において，$a=\sqrt{2}$, A $=30°$, B $=45°$ のとき，b の値を求めてみましょう．

〔2〕 $\triangle$ABC において，$b=2$, $c=3$, A $=60°$ のとき，a の値を求めてみましょう．

例解

〔1〕 a, A, B の値を正弦定理に代入して

$$\frac{\sqrt{2}}{\sin 30°} = \frac{b}{\sin 45°}$$

$$\sqrt{2}\sin 45° = b\sin 30°$$

$$\sqrt{2} \times \frac{1}{\sqrt{2}} = b \times \frac{1}{2}$$

$\therefore\ b=2$

〔2〕 b, c, A の値を余弦定理に代入して

$$a^2 = b^2 + c^2 - 2bc\cos 60°$$
$$= 2^2 + 3^2 - 2 \times 2 \times 3 \times \frac{1}{2}$$
$$= 7$$

$\therefore\ a=\sqrt{7}\quad (\because a>0)$

問題 3.3

〔1〕 $\triangle$ABC において，$a=3$, $b=4$, A $=30°$ のとき，$\sin$ B の値を求めてみよう．

〔2〕 $\triangle$ABC において，$a=\sqrt{7}$, $b=3$, $c=2$ のとき，角 A を求めてみよう．

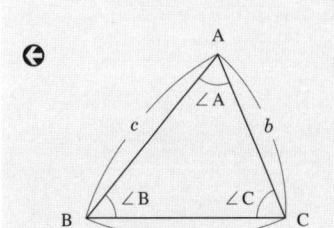

図のような三角形（$\triangle$ABC）において

1) 頂角 $\angle$A, $\angle$B, $\angle$C —— 大文字の A, B, C で表す．
2) 辺 BC, 辺 CA, 辺 AB —— 小文字の a, b, c で表す．

記号 $\because$ は「なぜならば」の意味に用いられる．

第4章

関数とグラフ

4.1　1次関数

　変数 x の値が定まると，それに対応して y の値が1つ定まるとき，y は x の**関数**といいます．y が x の関数であることを $y = f(x)$ と書きます．

　$y = f(x)$ と表されるとき，x を**独立変数**，y を**従属変数**といいます．

　また，x のとり得るすべての値の範囲を x の**変域**または**定義域**といい，これに対応して定まる変数 y の値の範囲をこの関数の**値域**といいます．

　関数 $y = f(x)$ において，$f(x)$ が変数 x の1次式で与えられるとき，y は x の**1次関数**であるといい

$$y = ax + b \quad (a \neq 0)$$

のように表します．ここで a, b は任意の定数です．

　特に，$b = 0$ の場合は $y = ax$ となり，y は x に**比例**するともいいます．

　1次関数のグラフは直線になり，a を**傾き**，b を y **切片**といいます．

⬅ f は「関数」を意味する英語 function の頭文字．

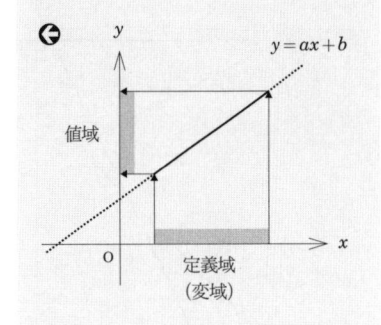

第4章 関数とグラフ

例題

次の1次関数のグラフを描いてみましょう．

〔1〕 $y = 2x + 3$　　〔2〕 $y = x$

〔3〕 $y = -\dfrac{1}{2}x - 2$　　〔4〕 $y = 2$

例解

〔1〕 y 軸上の点 $(0, 3)$ を通り，傾き 2 の直線

〔2〕 原点を通り，傾き 1 の直線

〔3〕 y 軸上の点 $(0, -2)$ を通り，傾き $-\dfrac{1}{2}$ の直線

〔4〕 y 軸上の点 $(0, 2)$ を通り，x 軸に平行な直線

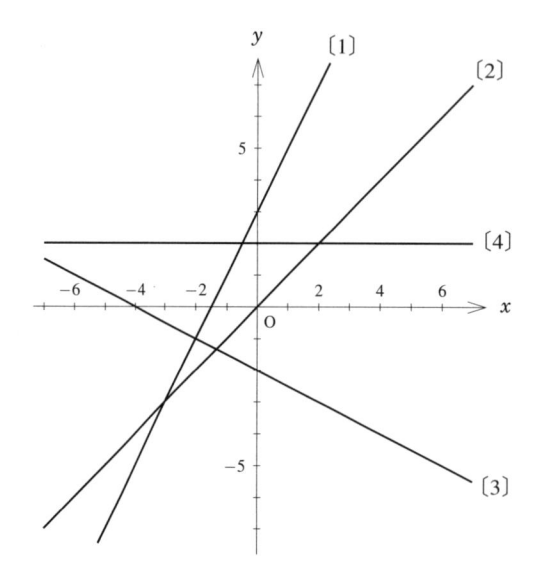

↩ 直線〔1〕と〔3〕は垂直であるから，直線〔1〕の傾き 2 と直線〔3〕の傾き $-\dfrac{1}{2}$ の積は -1 になる（垂直条件）．

グラフの描き方

1) 座標軸の名前 (x, y)，向き（矢印），目盛りを記入する．
2) 原点 O を必ず記入する．O は「原点」を意味する英語 origin の頭文字．

問題 4.1

次の1次関数のグラフを描いてみよう．

〔1〕 $y = 3x - 2$　　〔2〕 $y = -x$

〔3〕 $y = -3$　　〔4〕 $y = \dfrac{1}{2}x - 5$

Note

4.2 2次関数

y が x の2次式で表されるとき，この関数を**2次関数**といいます．2次関数は次の形で表されます．

$$y = ax^2 + bx + c \quad (a, b, c \text{ は定数}, a \neq 0)$$

右辺 $ax^2 + bx + c$ は，次のように変形されます．

$$ax^2 + bx + c = a\left(x + \frac{b}{2a}\right)^2 - \frac{b^2 - 4ac}{4a}$$

ここで，$p = -\dfrac{b}{2a}$，$q = -\dfrac{b^2 - 4ac}{4a}$ とおくと，この2次関数は，次の**標準形**で表すことができます．

⇐ 2次関数を標準形にすることを平方完成ともいう．

2次関数 $y = ax^2 + bx + c$ の標準形の導出

$$\begin{aligned}
ax^2 + bx + c &= a\left(x^2 + \frac{b}{a}x\right) + c \\
&= a\left\{x^2 + 2 \cdot \frac{b}{2a}x + \left(\frac{b}{2a}\right)^2 - \left(\frac{b}{2a}\right)^2\right\} + c \\
&= a\left(x + \frac{b}{2a}\right)^2 - a\left(\frac{b}{2a}\right)^2 + c \\
&= a\left(x + \frac{b}{2a}\right)^2 - \frac{ab^2}{4a^2} + c \\
&= a\left(x + \frac{b}{2a}\right)^2 - \frac{ab^2}{4a^2} + \frac{4a^2c}{4a^2} \\
&= a\left(x + \frac{b}{2a}\right)^2 - \frac{ab^2 - 4a^2c}{4a^2} \\
&= a\left(x + \frac{b}{2a}\right)^2 - \frac{a(b^2 - 4ac)}{4a^2} \\
&= a\left(x + \frac{b}{2a}\right)^2 - \frac{b^2 - 4ac}{4a}
\end{aligned}$$

$$y = a(x-p)^2 + q$$

グラフは，2次関数 $y = ax^2$ のグラフを x 軸方向に p，y 軸方向に q だけ平行移動した放物線になります．$a > 0$ ならば，下に凸の放物線になり，$a < 0$ ならば，上に凸の放物線になります．

> ⬅ 2次関数のグラフを**放物線**ともいう．物体を斜めに投げ上げると，物体は放物線を描いて落下する．

また，軸の方程式は

$$x = -\frac{b}{2a}$$

頂点の座標は

$$\left(-\frac{b}{2a},\ -\frac{b^2 - 4ac}{4a}\right)$$

となります．

なお，2次関数 $y = ax^2 + bx + c$ のグラフと2次方程式の解の関係は

(1) x 軸と2点 α, β で交わる —— 2つの実数解 $x = \alpha, \beta$ をもつ

(2) x 軸と1点で接する —— ただ1つの実数解 $x = \alpha$ （重解）をもつ

(3) x 軸と交わらない —— 実数解がない（虚数解をもつ）

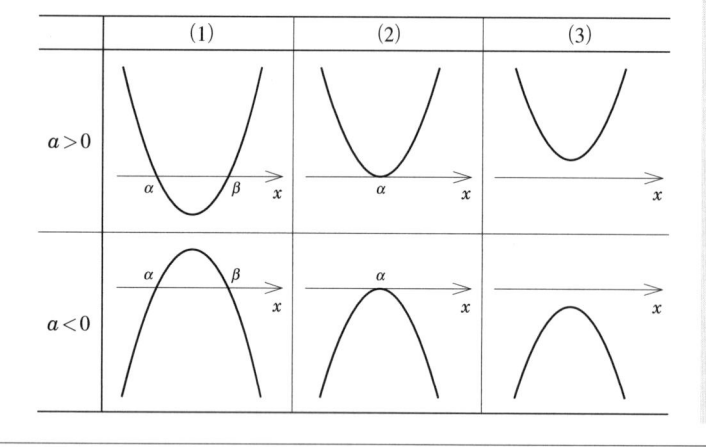

	(1)	(2)	(3)
$a > 0$	∪ (α, β)	∪ (α)	∪
$a < 0$	∩ (α, β)	∩ (α)	∩

📋 **Note**

例題

次の 2 次関数のグラフを描いてみましょう．

〔1〕 $y = x^2 + 4x$

〔2〕 $y = 2x^2 + 4x + 5$

〔3〕 $y = -x^2 - 6x - 4$

例解

〔1〕 $y = x^2 + 4x$
$\quad\quad = x^2 + 2 \cdot 2x + 2^2 - 2^2$
$\quad\quad = (x+2)^2 - 4$

よって，軸は直線 $x = -2$，頂点の座標は点 $(-2, -4)$ になります．

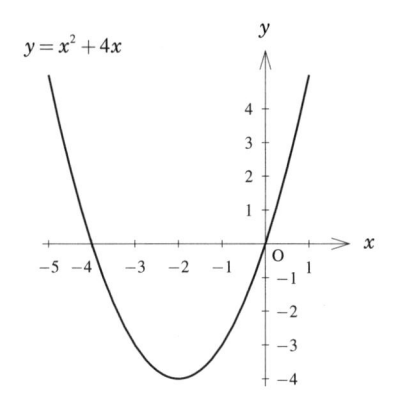

⬅ 平方完成して標準形にする，すなわち，$y = ax^2 + bx + c$ を $y = a(x-p)^2 + q$ に変形する．

〔2〕 $y = 2x^2 + 4x + 5$
$\quad\quad = 2(x^2 + 2x) + 5$
$\quad\quad = 2(x^2 + 2 \cdot 1x + 1 - 1) + 5$
$\quad\quad = 2\{(x+1)^2 - 1\} + 5$
$\quad\quad = 2(x+1)^2 - 2 + 5$
$\quad\quad = 2(x+1)^2 + 3$

よって，軸は直線 $x=-1$，頂点の座標は点 $(-1, 3)$ になります．

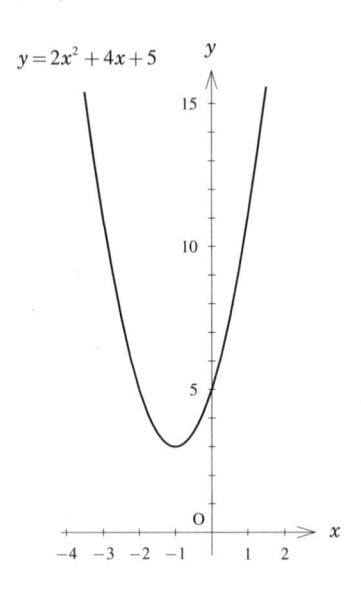

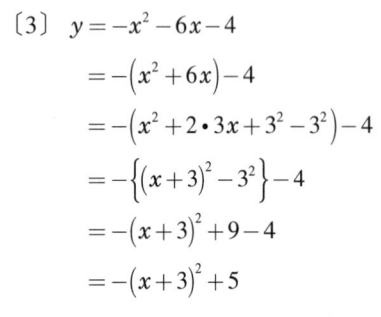

$y=ax^2$ のグラフ

〔3〕 $y=-x^2-6x-4$
$\quad =-(x^2+6x)-4$
$\quad =-(x^2+2\cdot 3x+3^2-3^2)-4$
$\quad =-\{(x+3)^2-3^2\}-4$
$\quad =-(x+3)^2+9-4$
$\quad =-(x+3)^2+5$

よって，軸は直線 $x=-3$，頂点の座標は点 $(-3, 5)$ になります．

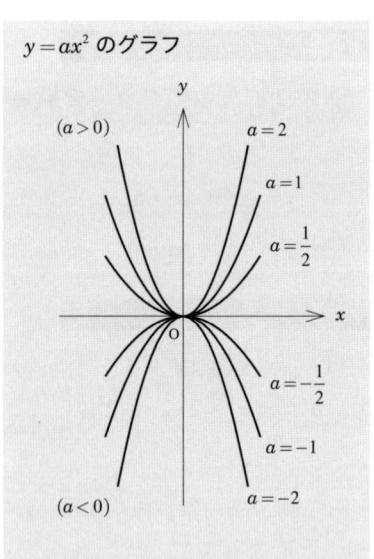

Note

$y = -x^2 - 6x - 4$

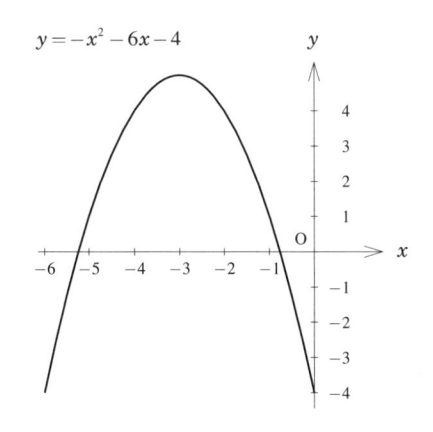

問題 4.2

次の 2 次関数のグラフを描いてみよう．

(1) $y = x^2 - 2$

(2) $y = -\dfrac{1}{2}x^2 - 2x + 1$

(3) $y = 2x^2 - 4x - 1$

4.3 三角関数

1 弧度法

これまで長い間，角の大きさを表す単位として，度（°）に慣れ親しんできましたが，ここで新たな単位として，弧度法（ラジアン単位）について考えてみましょう．

図のように，半径 r の円 O で，ある中心角 θ の弧の長さを s とします．このとき，$\dfrac{s}{r}$ の値 θ は半径に関係なく，角の大きさだけによって決まります．この値を θ ラジアン（radian）といいます．したがって，1 ラジアンは半径 r と同じ長さの円弧のつくる中心角の大きさになります．

← 半径 1 の円の円周は，直径 $\times \pi$ $= 2\pi$ であるから，$360° = 2\pi$ ラジアン．

← 1 ラジアン $= \dfrac{180°}{\pi} = 57°17'45''$

$1° = \dfrac{\pi}{180°}$ ラジアン

$\quad = 0.01745$ ラジアン

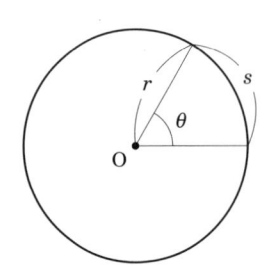

$$\theta = \frac{s}{r} \ [\text{rad}]$$

　この方法は，角の大きさを弧の長さで表すので，**弧度法**と呼ばれています．弧度法では通常ラジアンを省略して，数値だけで表しますが，"rad" を付けるときもあります．

例

$$90° = \frac{\pi}{2} \qquad 180° = \pi \qquad 360° = 2\pi$$

例題

　次の角の単位を，度（°）はラジアンに，ラジアンは度（°）に変えてみましょう．

〔1〕 $30°$　　〔2〕 $120°$　　〔3〕 $\dfrac{\pi}{5}$　　〔4〕 $\dfrac{3}{4}\pi$

例解

〔1〕 $30° = 30 \times \dfrac{\pi}{180} = \dfrac{\pi}{6}$

〔2〕 $120° = 120 \times \dfrac{\pi}{180} = \dfrac{2\pi}{3}$

〔3〕 $\dfrac{\pi}{5} = \dfrac{1}{5} \times 180° = 36°$

〔4〕 $\dfrac{3}{4}\pi = \dfrac{3}{4} \times 180° = 135°$

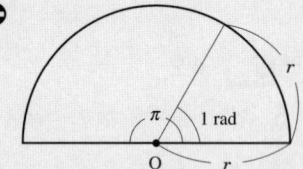

角 $x°$ と θ rad との関係

$$\frac{x}{180} = \frac{\theta}{\pi} \qquad (\pi \text{は円周率})$$

Note

> **問題** 4.3
>
> 次の角の単位を，度(°)はラジアンに，ラジアンは度(°)に変えてみよう．
>
> 〔1〕 60°　　〔2〕 240°
>
> 〔3〕 $\dfrac{7}{6}\pi$　　〔4〕 $\dfrac{11}{12}\pi$

2 一般角

次に回転の大きさを表す角について考えてみましょう．

平面上で，点 O から出る 2 つの半直線 OX，OP によってつくられる図形は，最初 OX の位置にあった半直線が，点 O のまわりに何回か回転して OP の位置にくることによってできたものと考えられます．このとき，回転する半直線 OP を**動径**といい，最初の位置 OX を**始線**といいます．

← 直線上に1点をとったとき，直線は 2 つの部分に分けられる．そのおのおのの部分を**半直線**という．したがって，半直線は一方に端があって，他方は限りなく伸びている．

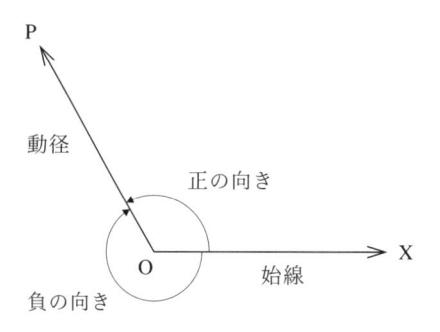

← 角 θ の動径 OP が第 2 象限にあるとき，θ を第 2 象限の角という．

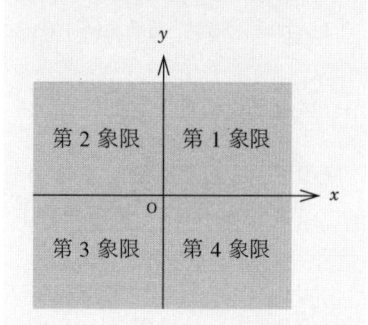

動径 OP の回転する向きは 2 通りあるので，角の大きさに

- 時計の針と反対向きに回るとき —— 正の向き
- 時計の針と同じ向きに回るとき —— 負の向き

動径 OP の回転した角は

- 回転が正の向きの場合 —— **正の角**
- 回転が負の向きの場合 —— **負の角**

このように，向きを考えた回転の角が**一般角**です．

一般に，動径 OP と始線 OX で決まる角の 1 つを α とすると，動径 OP の表す一般角 θ は

$$\theta = \alpha + 360° \times n \quad (n = 0, \pm 1, \pm 2, \cdots)$$

のように表します．

例題

次の動径 OP の表す一般角 $\theta = \alpha + 360° \times n$ を求めてみましょう．

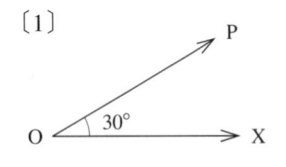

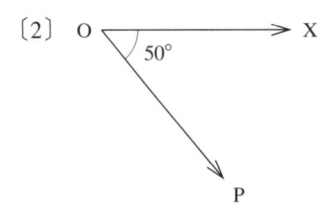

〔1〕 30° 〔2〕 50°

例解

〔1〕 $\alpha = 30°$ であるから，$\theta = 30° + 360° \times n$（$n$ は整数）

〔2〕 $\alpha = -50°$ であるから，$\theta = -50° + 360° \times n$（$n$ は整数）

3 三角関数の定義

座標平面上で，x 軸の正の部分を始線にとり，角 θ の動径と原点 O を中心とする半径 r の円との交点を P とします．点 P の座標を (x, y) とし

$$\sin\theta = \frac{y}{r} \qquad \cos\theta = \frac{x}{r} \qquad \tan\theta = \frac{y}{x}$$

と定めると，これらの値は半径 r の大きさに関係なく，角 θ を決めると定まります．

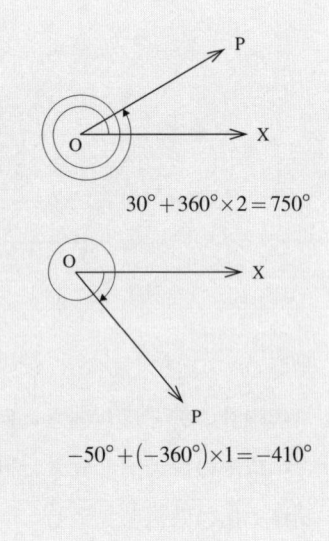

$30° + 360° \times 2 = 750°$

$-50° + (-360°) \times 1 = -410°$

Note

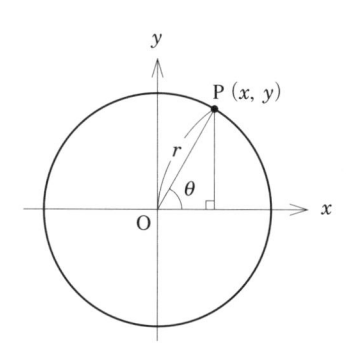

これらを一般角 θ の正弦 $\sin\theta$, 余弦 $\cos\theta$, 正接 $\tan\theta$ といいます. $\sin\theta, \cos\theta, \tan\theta$ は, 角 θ に対してその値がただ1つ定まるから, θ の関数と見ることができます. これらをまとめて, θ の**三角関数**といいます.

例題

次の三角関数の値を求めてみましょう.

〔1〕 $\sin\dfrac{4}{3}\pi \qquad \cos\dfrac{4}{3}\pi \qquad \tan\dfrac{4}{3}\pi$

〔2〕 $\sin\left(-\dfrac{1}{4}\pi\right) \qquad \cos\left(-\dfrac{1}{4}\pi\right) \qquad \tan\left(-\dfrac{1}{4}\pi\right)$

例解

〔1〕 $\dfrac{4}{3}\pi$ を表す動径 OP を描きます. 図のように, 点 P から x 軸に垂線 PQ をおろすと, 直角三角形 OPQ の $\angle$POQ は $\dfrac{\pi}{3}=60°$ です. 円の半径を 2 とすると, 点 P の座標は $\left(-1, -\sqrt{3}\right)$ となります. よって

$$\sin\dfrac{4}{3}\pi = -\dfrac{\sqrt{3}}{2}$$
$$\cos\dfrac{4}{3}\pi = -\dfrac{1}{2}$$
$$\tan\dfrac{4}{3}\pi = \sqrt{3}$$

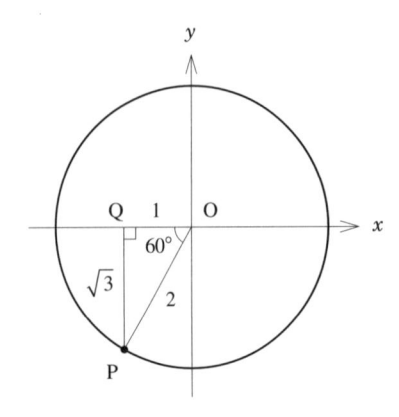

第4章 関数とグラフ

sin θ, cos θ, tan θ の値の符号

sin θ

cos θ

tan θ

〔2〕 $-\dfrac{1}{4}\pi$ を表す動径 OP を描きます．図のように，点 P から x 軸に垂線 PQ をおろすと，直角三角形 OPQ の ∠POQ は $\dfrac{1}{4}\pi = 45°$ です．円の半径を $\sqrt{2}$ とすると，点 P の座標は $(1, -1)$ となります．よって

$$\sin\left(-\dfrac{1}{4}\pi\right) = -\dfrac{1}{\sqrt{2}}$$

$$\cos\left(-\dfrac{1}{4}\pi\right) = \dfrac{1}{\sqrt{2}}$$

$$\tan\left(-\dfrac{1}{4}\pi\right) = -1$$

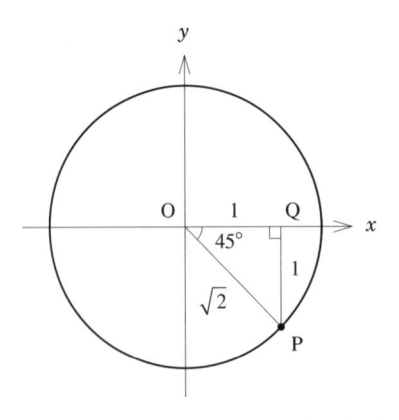

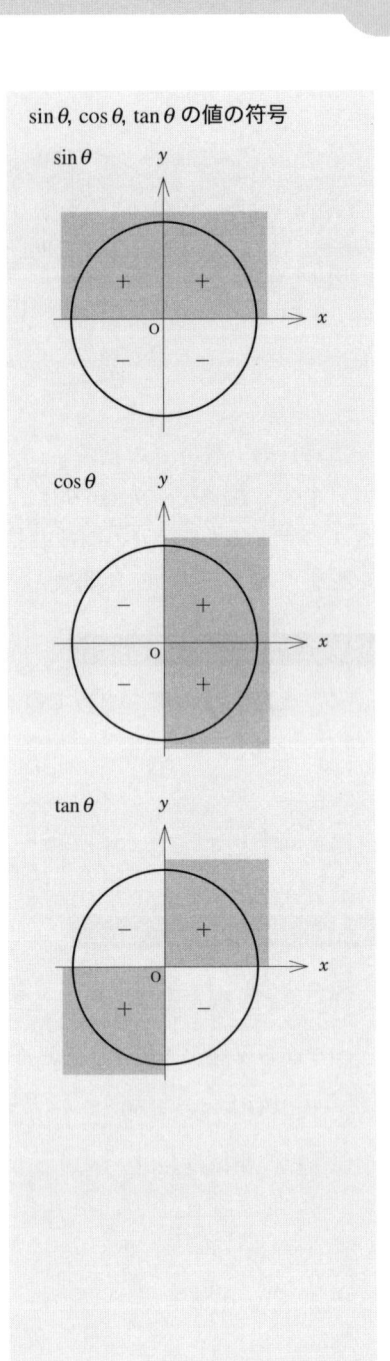

Note

問題 4.4

次の三角関数の値を求めてみよう．

〔1〕 $\sin\dfrac{2}{3}\pi$　　$\cos\dfrac{2}{3}\pi$　　$\tan\dfrac{2}{3}\pi$

〔2〕 $\sin\left(-\dfrac{1}{6}\pi\right)$　　$\cos\left(-\dfrac{1}{6}\pi\right)$　　$\tan\left(-\dfrac{1}{6}\pi\right)$

4 三角関数のグラフの性質

1) 正弦関数 $y = \sin x$

- 定義域は実数全体
- 値域は $-1 \leqq \sin x \leqq 1$
- 奇関数で，グラフは原点に対称
- 基本周期 2π の周期関数

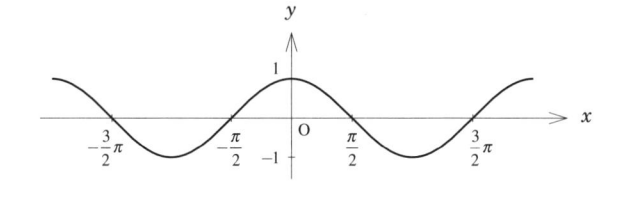

三角関数の値の範囲

$-1 \leqq \sin x \leqq 1$

$-1 \leqq \cos x \leqq 1$

$\tan x$ はすべての値．

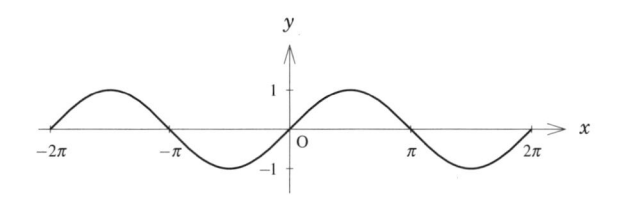

2) 余弦関数 $y = \cos x$

- 定義域は実数全体
- 値域は $-1 \leqq \cos x \leqq 1$
- 偶関数で，グラフは y 軸に対称
- 基本周期 2π の周期関数

3) 正接関数 $y = \tan x$

- 定義域は $\dfrac{\pi}{2} + n\pi$（$n = 0, \pm 1, \pm 2, \cdots$）を除く実数全体
- 値域は実数全体
- 奇関数で，グラフは原点に対称
- 基本周期 π の周期関数

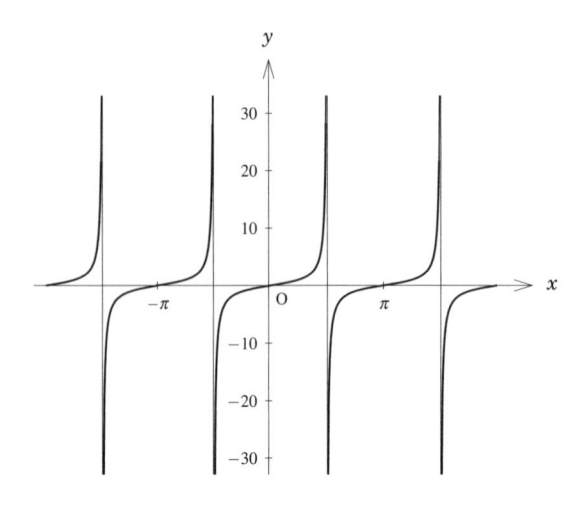

⬅ y 軸に平行な直線
$$x = \dfrac{\pi}{2} + n\pi \quad (n：整数)$$
は $y = \tan x$ のグラフの漸近線．

例題

次の三角関数のグラフを描いてみましょう．

〔1〕 $y = 2 \sin x$

〔2〕 $y = \sin 2x$

例解

〔1〕 $y = 2 \sin x$ のグラフは，$y = \sin x$ のグラフを x 軸をもとにして，y 軸の方向に 2 倍に拡大することで描けます．

Note

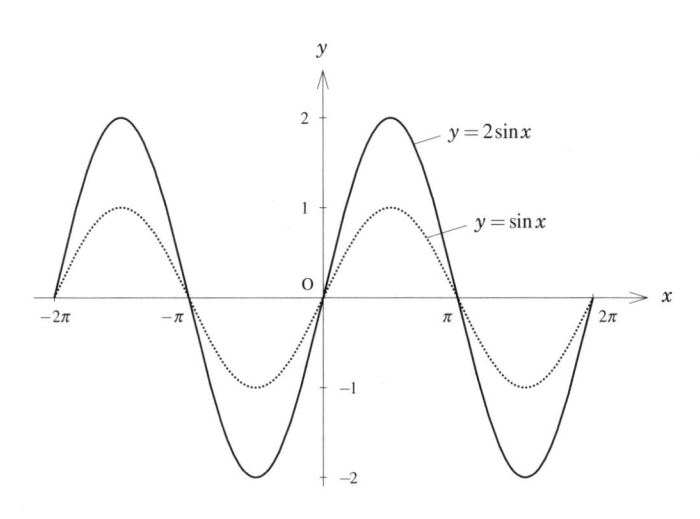

〔2〕 $y = \sin 2x$ のグラフは，$y = \sin x$ のグラフを y 軸をもとにして，x 軸の方向に $\dfrac{1}{2}$ 倍に縮小したもので，周期は π になります．

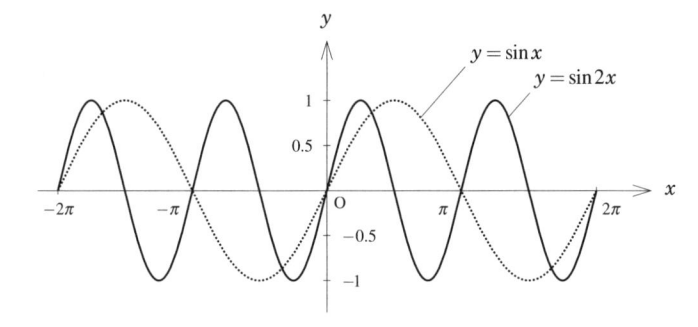

> **問題** 4.5
>
> 次の三角関数のグラフを描いてみよう．
>
> 〔1〕 $y = \dfrac{1}{2}\sin x$
>
> 〔2〕 $y = \sin \dfrac{x}{2}$

誤
$\sin 2x = 2\sin x$
$\cos 2x = 2\cos x$

5 三角関数の公式

1) **相互関係**

$$\tan x = \frac{\sin x}{\cos x}$$

$$\sin^2 x + \cos^2 x = 1$$

$$1 + \tan^2 x = \frac{1}{\cos^2 x} = \sec^2 x$$

2) **角の変換**

$$\sin(-x) = -\sin x$$

$$\cos(-x) = \cos x$$

$$\tan(-x) = -\tan x$$

$$\sin\left(x + \frac{\pi}{2}\right) = \cos x$$

$$\cos\left(x + \frac{\pi}{2}\right) = -\sin x$$

$$\tan\left(x + \frac{\pi}{2}\right) = -\frac{1}{\tan x} = -\cot x$$

$$\sin(x + \pi) = -\sin x$$

$$\cos(x + \pi) = -\cos x$$

$$\tan(x + \pi) = \tan x$$

$$\sin(x + 2n\pi) = \sin x$$

$$\cos(x + 2n\pi) = \cos x$$

$$\tan(x + 2n\pi) = \tan x \qquad (n = 0, \pm 1, \pm 2, \cdots)$$

3) **加法定理**

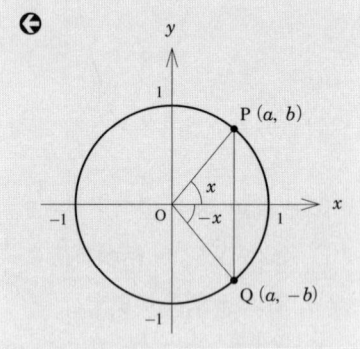

$$\sin(\alpha \pm \beta) = \sin\alpha \cos\beta \pm \cos\alpha \sin\beta$$

$$\cos(\alpha \pm \beta) = \cos\alpha \cos\beta \mp \sin\alpha \sin\beta \quad （複号同順）$$

$$\tan(\alpha \pm \beta) = \frac{\tan\alpha \pm \tan\beta}{1 \mp \tan\alpha \tan\beta} \quad （複号同順）$$

⬅ 角 $-x$ の表す動径 OQ と角 x の表す動径 OP は，x 軸に対称な位置にある．よって P 点の座標を (a, b) とすると，Q 点の座標は $(a, -b)$ である．

⬅ 4), 5), 6), 7) の公式は，すべて加法定理から導ける．

Note

4.3 三角関数

4）倍角公式

$$\sin 2\alpha = 2\sin\alpha\cos\alpha$$

$$\begin{aligned}\cos 2\alpha &= \cos^2\alpha - \sin^2\alpha \\ &= 1 - 2\sin^2\alpha \\ &= 2\cos^2\alpha - 1\end{aligned}$$

$$\tan 2\alpha = \frac{2\tan\alpha}{1-\tan^2\alpha}$$

⬅ $\sin^2\alpha = \dfrac{1-\cos 2\alpha}{2}$

$\cos^2\alpha = \dfrac{1+\cos 2\alpha}{2}$

5）半角公式

$$\sin^2\frac{\alpha}{2} = \frac{1-\cos\alpha}{2}$$

$$\cos^2\frac{\alpha}{2} = \frac{1+\cos\alpha}{2}$$

$$\tan^2\frac{\alpha}{2} = \frac{1-\cos\alpha}{1+\cos\alpha}$$

6）和・差を積になおす公式

$$\sin\alpha + \sin\beta = 2\sin\frac{\alpha+\beta}{2}\cos\frac{\alpha-\beta}{2}$$

$$\sin\alpha - \sin\beta = 2\cos\frac{\alpha+\beta}{2}\sin\frac{\alpha-\beta}{2}$$

$$\cos\alpha + \cos\beta = 2\cos\frac{\alpha+\beta}{2}\cos\frac{\alpha-\beta}{2}$$

$$\cos\alpha - \cos\beta = -2\sin\frac{\alpha+\beta}{2}\sin\frac{\alpha-\beta}{2}$$

7）積を和になおす公式

$$\sin\alpha\cos\beta = \frac{1}{2}\{\sin(\alpha+\beta)+\sin(\alpha-\beta)\}$$

$$\cos\alpha\sin\beta = \frac{1}{2}\{\sin(\alpha+\beta)-\sin(\alpha-\beta)\}$$

$$\cos\alpha\cos\beta = \frac{1}{2}\{\cos(\alpha+\beta)+\cos(\alpha-\beta)\}$$

$$\sin\alpha\sin\beta = -\frac{1}{2}\{\cos(\alpha+\beta)-\cos(\alpha-\beta)\}$$

4.4 指数関数

a を正の定数として，x はすべての実数をとる変数とするとき，関数 $y = a^x$ を，a を底とする指数関数といいます．

■ $y = a^x$ の性質

- 定義域は実数全体，値域は正の実数全体
- グラフは点 $(0, 1)$ を通り，x 軸が漸近線
- $a > 1$ のとき，x の値が増加すると y の値も増加，$0 < a < 1$ のとき，x の値が増加すると y の値は減少

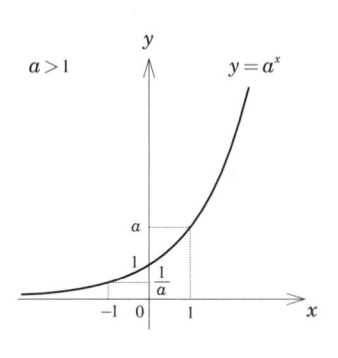

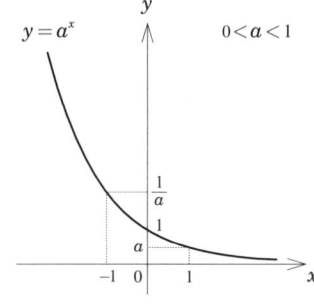

増加関数と減少関数

x の値が増加すると y の値も増加する関数を増加関数といい，y の値が減少する関数を減少関数という．

例題

次の指数関数のグラフを描いてみましょう．

〔1〕 $y = 2^x$

〔2〕 $y = \left(\dfrac{1}{2}\right)^x$

例解

〔1〕 $y = 2^x$ の x と y の対応表をつくりましょう．

x	-3	-2	-1	0	1	2	3
y	0.125	0.25	0.5	1	2	4	8

Note

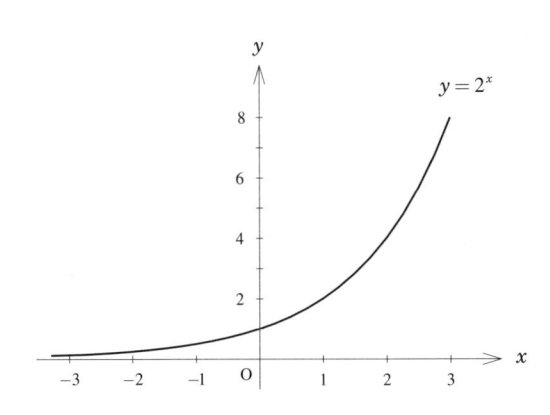

〔2〕 $y = \left(\dfrac{1}{2}\right)^x$ の x と y の対応表をつくりましょう. $y = \left(\dfrac{1}{2}\right)^x$ は $y = 2^{-x}$ と同じであるから，上の表を利用することができます．

x	-3	-2	-1	0	1	2	3
y	8	4	2	1	0.5	0.25	0.125

$y = 2^x$ と $y = \left(\dfrac{1}{2}\right)^x$ のグラフは y 軸に関して対称になります．

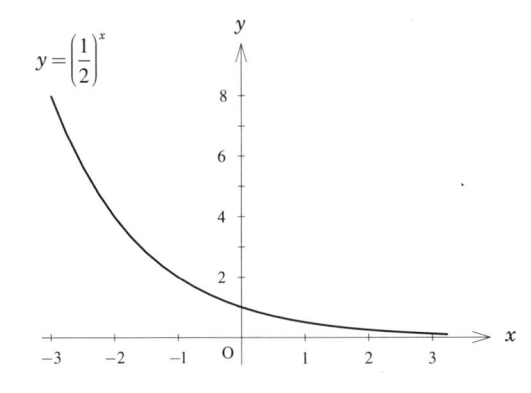

> **問題** 4.6
>
> 次の指数関数のグラフを描いてみよう．
>
> 〔1〕 $y = 3^x$ 　〔2〕 $y = \left(\dfrac{1}{3}\right)^x$

4.5 対数関数

$a > 0, a \neq 1$ とするとき

$$y = \log_a x \quad (x > 0)$$

で与えられる関数を，a を底とする対数関数といいます．

■ $y = \log_a x$ の性質

- 定義域は正の数全体，値域は実数全体
- グラフは点 $(1, 0)$ を通り，y 軸が漸近線
- $a > 1$ のとき，x の値が増加すると y の値も増加，$0 < a < 1$ のとき，x の値が増加すると y の値は減少

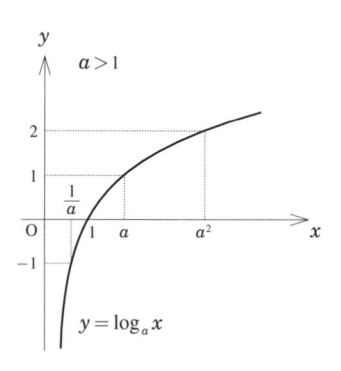

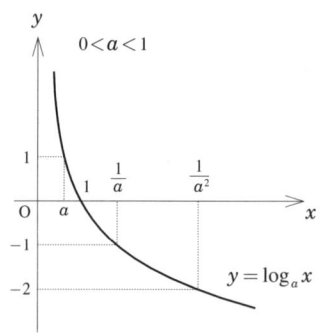

指数関数と対数関数のグラフの関係

指数関数 $y = a^x$ と対数関数 $y = \log_a x$ は互いに他の逆関数であるから，グラフは直線 $y = x$ に対称になる．

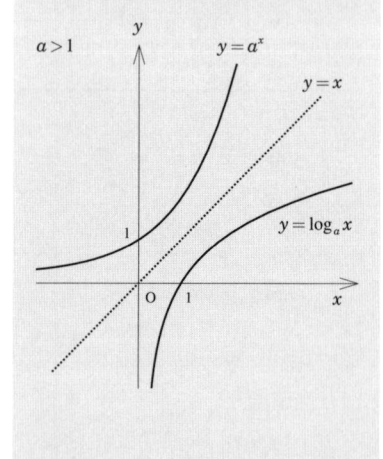

例題

次の対数関数のグラフを描いてみましょう．

〔1〕 $y = \log_2 x$

Note

〔2〕 $y = \log_{\frac{1}{2}} x$

例解

〔1〕 $y = \log_2 x$ の x と y の対応表をつくりましょう．$y = \log_2 x$ は $x = 2^y$ ですので，$y = 2^x$ の対応表（p.64）の上下を入れ替えたものになります．

x	0.125	0.25	0.5	1	2	4	8
y	-3	-2	-1	0	1	2	3

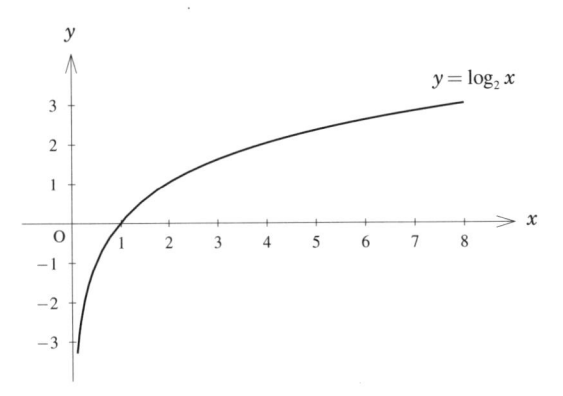

〔2〕 $y = \log_{\frac{1}{2}} x$ の x と y の対応表をつくりましょう．$y = \log_{\frac{1}{2}} x$ は $x = \left(\frac{1}{2}\right)^y$ ですので，$y = \left(\frac{1}{2}\right)^x$ の対応表（p.65）の上下を入れ替えたものになります．

x	8	4	2	1	0.5	0.25	0.125
y	-3	-2	-1	0	1	2	3

$y = \log_2 x$ と $y = \log_{\frac{1}{2}} x$ のグラフは x 軸に関して対称になります．

(グラフ: $y = \log_{\frac{1}{2}} x$)

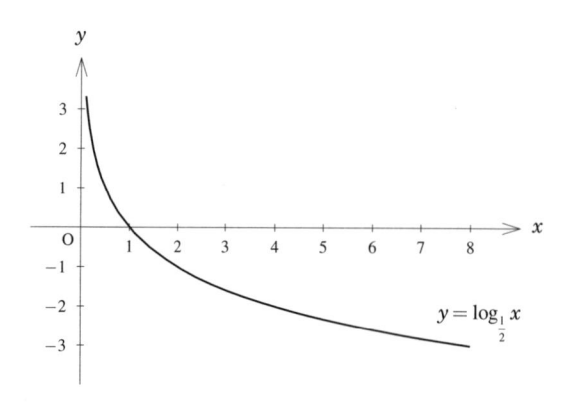

問題 4.7

次の対数関数のグラフを描いてみよう．

〔1〕 $y = \log_3 x$ 〔2〕 $y = \log_{\frac{1}{3}} x$

Note

第 5 章

数　列

5.1　等差数列

　正の偶数を順に並べると 2, 4, 6, 8, 10, 12, 14, … となります．このように，ある規則に従って順に数を並べたものを**数列**といい，おのおのの数を**項**といいます．

　数列を一般的に表すには，1 つの文字に項の番号を添えて

$$a_1, a_2, a_3, \cdots, a_n, a_{n+1}, \cdots$$

のように書きます．この数列を記号で $\{a_n\}$ と書くこともあります．

　数列の最初の数から，**初項**（第 1 項），第 2 項，第 3 項，…，**末項**といい，n 番目の項を**第 n 項**（一般項）といいます．項が有限である数列を**有限数列**といい，項の個数を**項数**といいます．

　数列 2, 4, 6, 8, 10, 12, 14, … は，2 に次々と 2 を加えると得られます．このように，初項に一定の数 d を次々に加えて得られる数列を**等差数列**といい，一定の数 d を**公差**といいます．

　初項 a，公差 d の等差数列の一般項 a_n は

$$a_n = a + (n-1)d$$

◯ 項が限りなく続く数列を無限数列という．

◯ $a, a+d, a+2d, \cdots, a+(n-1)d$

初項 a, 公差 d, 項数 n, 末項 l の等差数列の初項から第 n 項までの和 S_n は

$$S_n = \frac{1}{2}n(a+l) = \frac{1}{2}n\{2a+(n-1)d\}$$

となります．

例

等差数列 2, 4, 6, 8, 10, 12, 14, … は初項 2, 公差 2 であるから, 一般項 a_n は

$$a_n = 2 + (n-1) \times 2 = 2n$$

第 10 項までの和は

$$S_n = \frac{1}{2} \cdot 10\{2 \times 2 + (10-1) \times 2\} = 5 \times 22 = 110$$

問題 5.1

等差数列 1, 5, 9, 13, … の一般項と第 8 項までの和を求めてみよう．

5.2 等比数列

数列 3, 6, 12, 24, 48, … は，3 に次々と 2 を掛けると得られます．このように，1 つ前の項に一定の数 r を次々に掛けて得られる数列を**等比数列**といい，一定の数 r を**公比**といいます．

初項 a, 公比 r の等比数列の一般項 a_n は

$$a_n = ar^{n-1}$$

初項 a, 公比 r の等比数列の初項から第 n 項までの和，S_n は

- $r \neq 1$ のとき, $S_n = \dfrac{a(r^n - 1)}{r - 1} = \dfrac{a(1 - r^n)}{1 - r}$

← $a, ar, ar^2, \cdots, ar^{n-1}$

Note

- $r=1$ のとき，$S_n = na$

となります．

> **例**
> 等比数列は $3, 6, 12, 24, 48, \cdots$ は初項 3，公比 2 であるから，一般項 a_n は
> $$a_n = 3 \cdot 2^{n-1}$$
> 第 5 項までの和は
> $$S_n = \frac{3 \cdot (2^5 - 1)}{2-1} = 3 \times 31 = 93$$

問題 5.2

等比数列 $2, 2^2, 2^3, 2^4, 2^5, \cdots$ の一般項と第 7 項までの和を求めてみよう．

5.3 いろいろな数列の和

■ 和の記号 $\sum$

数列 $a_1 + a_2 + a_3 + \cdots + a_n$ の第 1 項から第 n 項までの和を，$\displaystyle\sum_{k=1}^{n} a_k$ と書き表します．

⬅ $\sum$ は sum (和) の頭文字 S に対応するギリシャ文字．

> **例**
> $$\sum_{k=1}^{3} k = 1 + 2 + 3 = 6$$
> $$\sum_{k=1}^{3} x_k = x_1 + x_2 + x_3$$

⬅ $\displaystyle\sum_{k=1}^{n} a_k$ は $\displaystyle\sum_{i=1}^{n} a_i$ とも書くことができる．

■ $\sum$ 記号の性質

1) 定数 a の $\sum$ は，定数 a の n 倍 —— $\displaystyle\sum_{k=1}^{n} a = na$

例えば，$\displaystyle\sum_{k=1}^{10} 3 = 3 \times 10 = 30$

2) 定数 a は記号 $\sum$ の外へ —— $\displaystyle\sum_{k=1}^{n} ak = a\sum_{k=1}^{n} k$

例えば $\displaystyle\sum_{k=1}^{5}(3k+4) = 3\sum_{k=1}^{5} k + \sum_{k=1}^{5} 4 = 3(1+2+3+4+5) + 4 \times 5 = 65$.

3) $\displaystyle\sum_{k=1}^{n}(x_k + y_k) = \sum_{k=1}^{n} x_k + \sum_{k=1}^{n} y_k$

■ いろいろな数列の和

1) $\displaystyle\sum_{k=1}^{n} k = 1 + 2 + 3 + \cdots + n = \frac{1}{2} n(n+1)$

2) $\displaystyle\sum_{k=1}^{n} k^2 = 1^2 + 2^2 + 3^2 + \cdots + n^2 = \frac{1}{6} n(n+1)(2n+1)$

3) $\displaystyle\sum_{k=1}^{n} k^3 = 1^3 + 2^3 + 3^3 + \cdots + n^3$
$= \dfrac{1}{4} n^2(n+1)^2 = \left\{\dfrac{1}{2} n(n+1)\right\}^2$

4) $\displaystyle\sum_{k=1}^{n} k(k+1) = 1\cdot 2 + 2\cdot 3 + 3\cdot 4 + \cdots + n(n+1)$
$= \dfrac{1}{3} n(n+1)(n+2)$

5) $\displaystyle\sum_{k=1}^{n} k(k+1)(k+2)$
$= 1\cdot 2\cdot 3 + 2\cdot 3\cdot 4 + 3\cdot 4\cdot 5 + \cdots + n(n+1)(n+2)$
$= \dfrac{1}{4} n(n+1)(n+2)(n+3)$

> **階差数列**
>
> 数列 $\{a_n\}$ に対して，隣り合う項の差をとってつくられる数列を，階差数列という．
> 数列 $\{a_n\}$ の階差数列を $\{b_n\} : b_n = a_{n+1} - a_n$ とすると，$n \geq 2$ のとき
> $$a_n = a_1 + \sum_{k=1}^{n-1} b_k$$

例題

次の和を求めてみましょう．

〔1〕 $\displaystyle\sum_{k=1}^{7}(3k-1)$

〔2〕 $\displaystyle\sum_{k=1}^{n}(3k-1)^2$

Note

⚠
正 　$\displaystyle\sum_{k=1}^{3} 2 = 2 + 2 + 2$
　　$\displaystyle\sum_{k=1}^{3} 2k = 2\times 1 + 2\times 2 + 2\times 3$

例解

〔1〕 $\displaystyle\sum_{k=1}^{7}(3k-1) = 2+5+8+11+14+17+20 = 77$

〔2〕 $\displaystyle\sum_{k=1}^{n}(3k-1)^2 = \sum_{k=1}^{n}(9k^2-6k+1)$

$\displaystyle = 9\sum_{k=1}^{n}k^2 - 6\sum_{k=1}^{n}k + \sum_{k=1}^{n}1$

$\displaystyle = 9\cdot\frac{1}{6}n(n+1)(2n+1) - 6\cdot\frac{1}{2}n(n+1) + n$

$\displaystyle = \frac{1}{2}n\left\{3(n+1)(2n+1) - 6(n+1) + 2\right\}$

$\displaystyle = \frac{1}{2}n(6n^2+3n-1)$

⬅ 「いろいろな数列の和」の 1), 2) を用いる.

⬅ $\dfrac{1}{2}n$ でくくる.

問題 5.3

次の和を求めてみよう.

〔1〕 $\displaystyle\sum_{k=1}^{5}4$

〔2〕 $\displaystyle\sum_{k=1}^{4}k^2$

〔3〕 $\displaystyle\sum_{k=1}^{n}(k-1)(k-5)$

第6章

2次曲線

6.1 円

点 (a, b) を中心とし，半径が r の円の方程式は

$$(x-a)^2+(y-b)^2=r^2$$

と表されます．

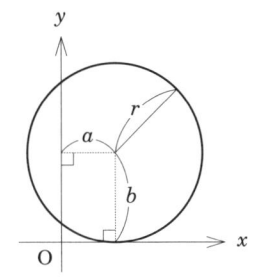

特に，原点 O $(0, 0)$ を中心とし，半径が r の円の方程式は

$$x^2+y^2=r^2$$

となります．

この式の y を x で表すと，$y=\pm\sqrt{r^2-x^2}$ となるので，円のグラフは2つの関数 $y=\sqrt{r^2-x^2}$，$y=-\sqrt{r^2-x^2}$ を合わせたものと考えられます．

↪ 円の一般式
$x^2+y^2+ax+by+c=0$
$(a^2+b^2>4c)$

↪ $y=\sqrt{r^2-x^2}$ は円のグラフの上半分，$y=-\sqrt{r^2-x^2}$ は円のグラフの下半分．

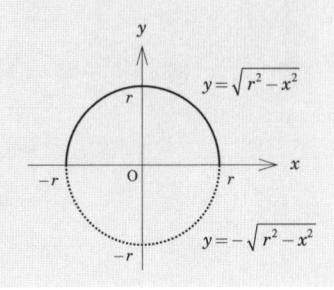

例題

次の円の概形を描いてみましょう．

〔1〕 $x^2+y^2=9$

〔2〕 $(x-1)^2+(y-2)^2=4$

第6章 2次曲線

例解

〔1〕中心 $(0, 0)$, 半径 3 の円

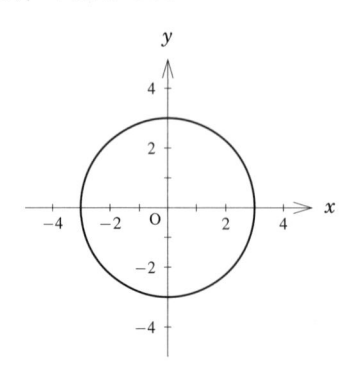

〔2〕中心 $(1, -2)$, 半径 2 の円

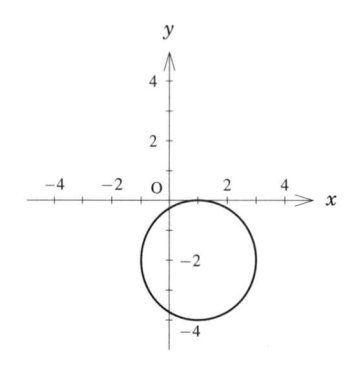

曲線の媒介変数表示

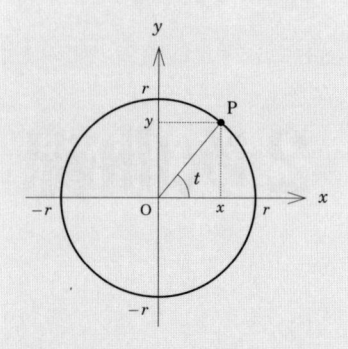

原点 O を中心とする半径 r の円周上の点 P (x, y) は, OP と x 軸とのなす角を t とすると

$$\begin{cases} x = r\cos t \\ y = r\sin t \end{cases}$$

と表される.
このように, x 座標と y 座標を t の関数と考えて

$$\begin{cases} x = g(t) \\ y = h(t) \end{cases}$$

と表すことを**媒介変数表示**または**パラメータ表示**といい, t を媒介変数またはパラメータという.

問題 6.1

次の円の概形を描いてみよう.

〔1〕$x^2 + y^2 = 4$

〔2〕$x^2 + 2x + y^2 + 4y = -1$

Note

6.2 楕円

図のように，2 定点 F_1，F_2 からの距離の和が一定な点 P の軌跡を**楕円**といい，F_1，F_2 を**焦点**といいます．楕円の方程式は

$$\frac{x^2}{a^2}+\frac{y^2}{b^2}=1 \qquad (a>b>0)$$

で表されます．

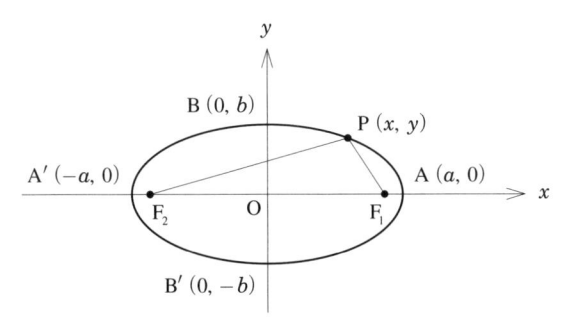

↶ 楕円は円を一定の方向に一定の割合に伸縮して得られる曲線．

中心は原点で，頂点は

A $(a, 0)$, A$'$ $(-a, 0)$, B $(0, b)$, B$'$ $(0, -b)$

です．なお，中心が (p, q) である楕円の方程式は次のようになります．

$$\frac{(x-p)^2}{a^2}+\frac{(y-q)^2}{b^2}=1$$

(1) $a>b>0$ のときは横長の楕円になります．長軸の長さは $2a$，短軸の長さは $2b$，焦点の座標は

$$F_1\left(\sqrt{a^2-b^2}, 0\right), \ F_2\left(-\sqrt{a^2-b^2}, 0\right)$$

(2) $b>a>0$ のときは縦長の楕円になります．長軸の長さは $2b$，短軸の長さは $2a$，焦点の座標は

$$F_1\left(0, \sqrt{a^2-b^2}\right), \ F_2\left(0, -\sqrt{a^2-b^2}\right)$$

↶ $y=\dfrac{b}{a}\sqrt{a^2-x^2}$ は楕円のグラフの上半分，$y=-\dfrac{b}{a}\sqrt{a^2-x^2}$ は楕円のグラフの下半分．

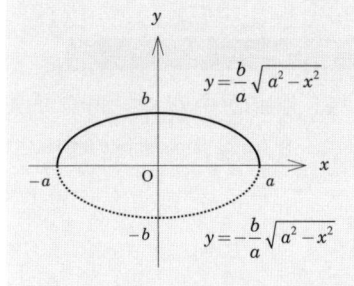

$$\frac{x^2}{a^2}+\frac{y^2}{b^2}=1 \quad (b>a>0)$$

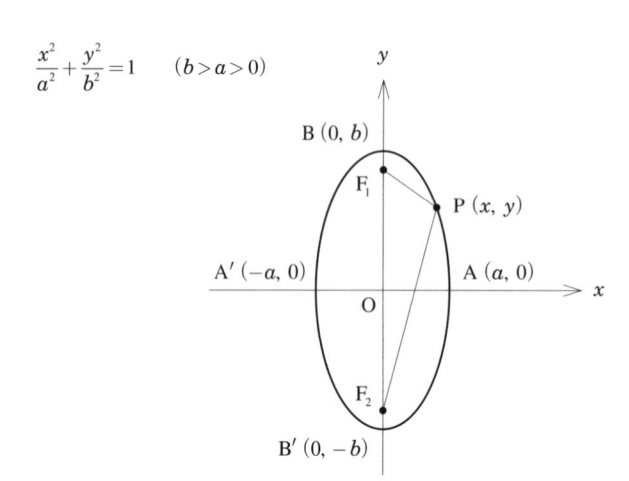

例題

次の楕円の概形を描いてみましょう．

〔1〕 $\dfrac{x^2}{9}+\dfrac{y^2}{4}=1$ 〔2〕 $\dfrac{(x+1)^2}{4}+(y-1)^2=1$

例解

〔1〕 原点が中心で，頂点は A(3, 0), A′(−3, 0), B(0, 2), B′(0, −2) の横長の楕円になります．

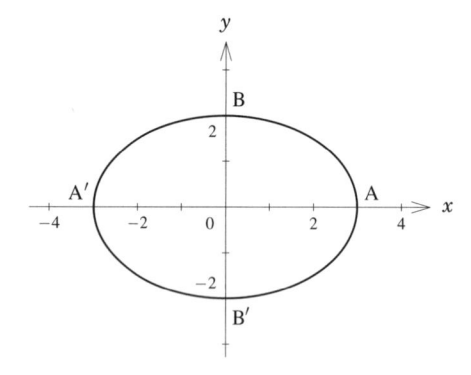

Note

〔2〕 中心は $(-1, 1)$, 頂点は $A(1, 1)$, $A'(-3, 1)$, $B(-1, 2)$, $B'(-1, 0)$ の横長の楕円になります.

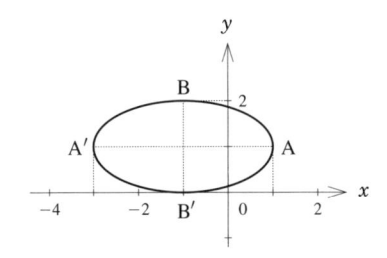

問題 6.2

次の楕円の概形を描いてみよう.

〔1〕 $x^2 + \dfrac{y^2}{4} = 1$

〔2〕 $\dfrac{(x-1)^2}{4} + (y+1)^2 = 1$

6.3 双曲線

次ページの図のように, 2 定点 F_1, F_2 からの距離の差が一定な点 P の軌跡を**双曲線**といい, F_1, F_2 を**焦点**といいます. 双曲線の方程式は

$$\dfrac{x^2}{a^2} - \dfrac{y^2}{b^2} = 1 \quad (a > 0, b > 0)$$

で表されます.

このとき原点 O をこの双曲線の**中心**といい, 2 点 $(a, 0)$ と $(-a, 0)$ を双曲線の**頂点**といいます.

双曲線の**漸近線**は $y = \pm \dfrac{b}{a} x$ の 2 直線になります.

漸近線

双曲線上の点は, 点が原点から遠ざかるに従って直線 $y = \pm \dfrac{b}{a} x$ に近づく. これらの直線を元の双曲線の漸近線という.

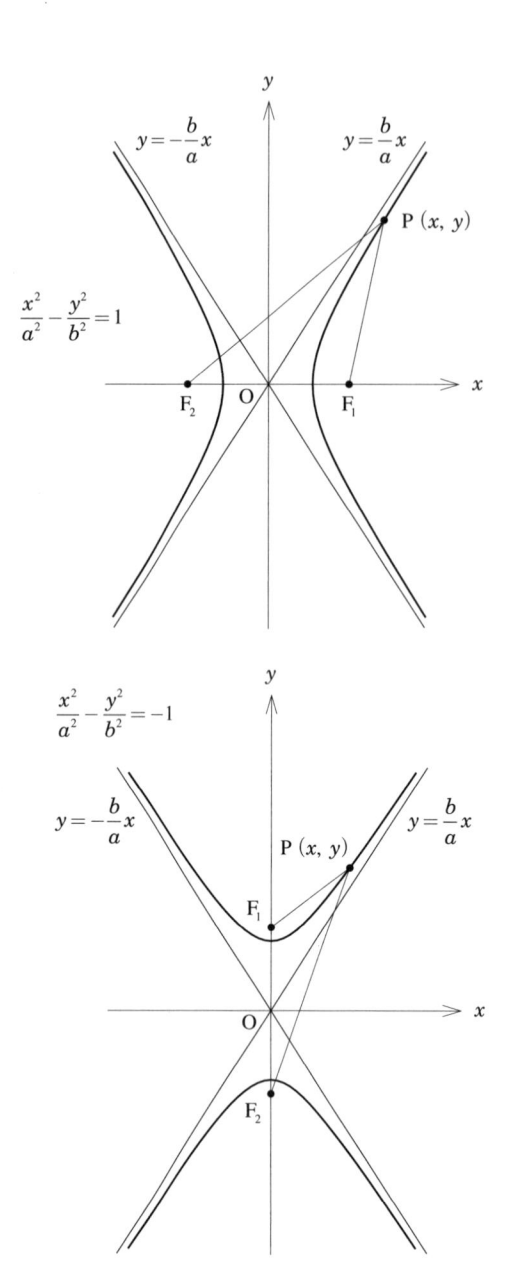

$y = -\dfrac{b}{a}x$ 　 $y = \dfrac{b}{a}x$

$\dfrac{x^2}{a^2} - \dfrac{y^2}{b^2} = 1$

P(x, y)

F$_2$ 　 O 　 F$_1$

$\dfrac{x^2}{a^2} - \dfrac{y^2}{b^2} = -1$

$y = -\dfrac{b}{a}x$ 　 P(x, y) 　 $y = \dfrac{b}{a}x$

F$_1$

O

F$_2$

x軸, y軸を漸近線とする直角双曲線

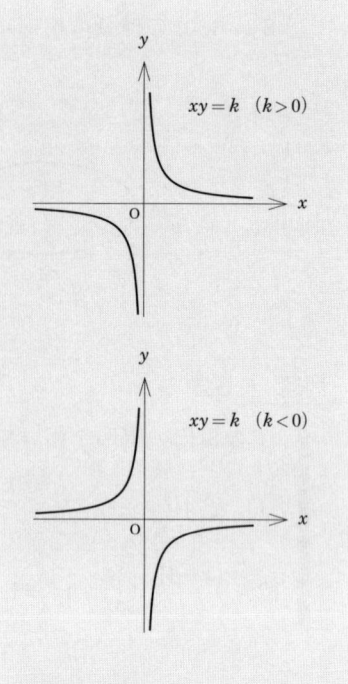

$xy = k$ （$k > 0$）

$xy = k$ （$k < 0$）

Note

例題

次の双曲線の概形を描いてみましょう.

〔1〕 $\dfrac{x^2}{9} - \dfrac{y^2}{4} = 1$ 〔2〕 $\dfrac{x^2}{16} - \dfrac{y^2}{9} = 1$

例解

〔1〕

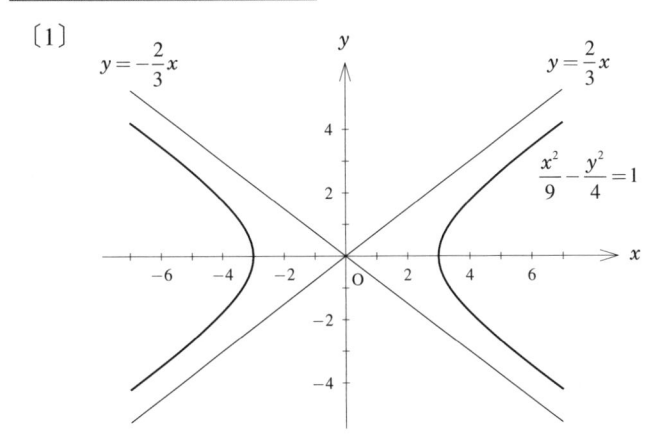

双曲線の頂点は $(-3, 0)$ と $(3, 0)$

漸近線は $y = \dfrac{2}{3}x$ と $y = -\dfrac{2}{3}x$

〔2〕

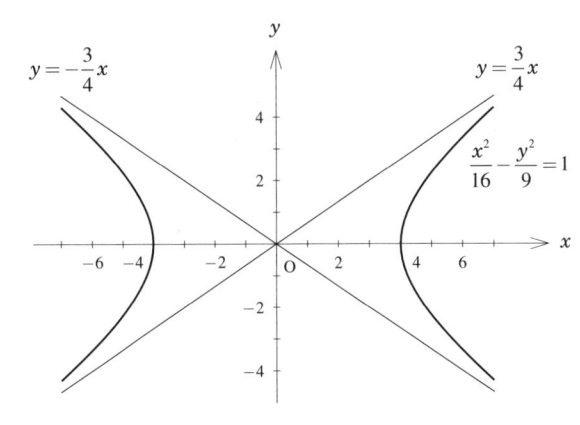

双曲線の頂点は $(-4, 0)$ と $(4, 0)$

漸近線は $y = \dfrac{3}{4}x$ と $y = -\dfrac{3}{4}x$

問題 6.3

次の双曲線の概形を描いてみよう．

〔1〕 $\dfrac{x^2}{4} - \dfrac{y^2}{9} = 1$

〔2〕 $\dfrac{x^2}{4} - y^2 = 1$

直交座標と極座標

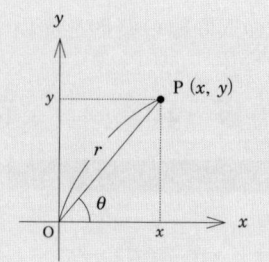

平面上の点 P の位置を示すのに，(x, y) の直交座標と (r, θ) の極座標がある．点 P の位置は原点 O からの距離 r と，半直線 OP と x 軸とのなす角 θ で決まる．(r, θ) を点 P の**極座標**といい，原点 O を**極**，θ を**偏角**という．

直交座標と極座標の関係

$$\begin{cases} x = r\cos\theta \\ y = r\sin\theta \end{cases}$$

Note

第7章

微分法

7.1 関数の極限

 一般に,関数 $f(x)$ において,x が a と異なる値をとりながら限りなく a に近づくとき,$f(x)$ の値が限りなく一定の値 b に近づくならば,b を $x \to a$ のときの $f(x)$ の極限値といい,記号で次のように書き表します.

$$x \to a \text{ のとき } f(x) \to b, \text{ または } \lim_{x \to a} f(x) = b$$

 また,この場合,$x \to a$ のとき $f(x)$ は b に収束するといいます.

 関数の極限値については,次の性質が成り立ちます.

■ 極限値の性質

$\lim_{x \to a} f(x) = \alpha,\ \lim_{x \to a} g(x) = \beta$ のとき

1) $\lim_{x \to a} k f(x) = k\alpha$ （k は定数）
2) $\lim_{x \to a} \{f(x) \pm g(x)\} = \alpha \pm \beta$ （複号同順）
3) $\lim_{x \to a} \{f(x) g(x)\} = \alpha\beta$
4) $\lim_{x \to a} \dfrac{f(x)}{g(x)} = \dfrac{\alpha}{\beta}$ ただし,$\beta \neq 0$

↩ 関数 $f(x)$ に対して,極限値 $\lim_{x \to a} f(x)$ と $x=a$ における値 $f(a)$ とは一致するとは限らない.

$\lim_{x \to a}$ の lim は「極限」を意味する英語 limit の略.

第7章 微分法

例題

次の極限値を求めてみましょう．

〔1〕 $\lim_{x \to 2}(x^2 - x + 2)$

〔2〕 $\lim_{x \to -1}\dfrac{2x+1}{x+2}$

〔3〕 $\lim_{x \to 3}\dfrac{x^2-9}{x-3}$

〔4〕 $\lim_{x \to 1}\dfrac{\sqrt{x+3}-2}{x-1}$

例解

〔1〕 $\lim_{x \to 2}(x^2 - x + 2) = 4$

〔2〕 $\lim_{x \to -1}\dfrac{2x+1}{x+2} = -1$

〔3〕 $\lim_{x \to 3}\dfrac{x^2-9}{x-3} = \lim_{x \to 3}\dfrac{(x+3)(x-3)}{x-3} = 6$

〔4〕 $\lim_{x \to 1}\dfrac{\sqrt{x+3}-2}{x-1} = \lim_{x \to 1}\dfrac{(\sqrt{x+3}-2)(\sqrt{x+3}+2)}{(x-1)(\sqrt{x+3}+2)}$

$= \lim_{x \to 1}\dfrac{(x+3-4)}{(x-1)(\sqrt{x+3}+2)}$

$= \lim_{x \to 1}\dfrac{1}{\sqrt{x+3}+2} = \dfrac{1}{4}$

問題 7.1

次の極限値を求めてみよう．

〔1〕 $\lim_{x \to 3}(x^2 - 2x + 3)$

〔2〕 $\lim_{x \to 2}(x-1)(x^2+1)$

〔3〕 $\lim_{x \to -1}\dfrac{x^2-1}{x^2+3x+2}$

極限値の求め方

極限値を求めるときほとんどの場合，$x \to a$ を機械的に当てはめて計算してかまわない．ただし，極限が形式的に $\dfrac{0}{0}$ の形，$\dfrac{\infty}{\infty}$ の形，$\infty - \infty$ の形，$0 \times \pm\infty$ の形の不定形になるものは式を変形してから求める．

∞（無限大）は限りなく大きくなる状態を表す記号．

関数の極限

$\begin{cases} 極限がある \begin{cases} 極限値が有限確定 \\ 極限が +\infty \\ 極限が -\infty \end{cases} \\ 極限がない \end{cases}$

ただし，$f(x) \to +\infty, -\infty$ は極限とはいうが，極限値とはいわない．

Note

〔4〕 $\displaystyle\lim_{x \to 0} \frac{\sqrt{x+4}-2}{x}$

7.2 微分係数と導関数

■ 平均変化率

図のように，関数 $y=f(x)$ において，x の値が a から b まで変化するとき，それに応じて $f(x)$ の値は $f(a)$ から $f(b)$ まで変化します．このとき x の値の変化に対する $f(x)$ の値の変化の割合

$$\frac{f(b)-f(a)}{b-a}$$

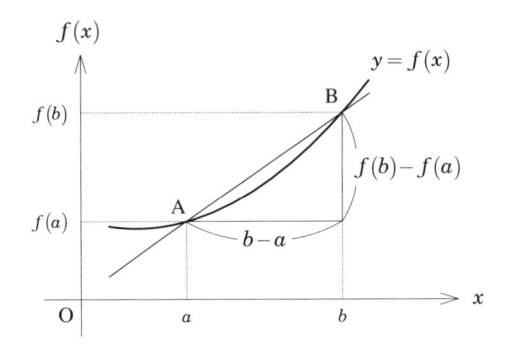

を x の値が a から b まで変化するときの関数 $y=f(x)$ の**平均変化率**といいます．

幾何学的には，平均変化率は直線 AB の傾きを表しています．

← 勾配ともいう．

第7章 微分法

例題

x の値が1から3まで変化するとき，次の関数の平均変化率を求めてみましょう．

〔1〕 $f(x) = 2x$

〔2〕 $f(x) = x^2 - 6x$

例解

〔1〕 $\dfrac{f(3)-f(1)}{3-1} = \dfrac{2\cdot 3 - 2\cdot 1}{2} = \dfrac{4}{2} = 2$

〔2〕 $\dfrac{f(3)-f(1)}{3-1} = \dfrac{3^2-6\cdot 3-(1^2-6\cdot 1)}{2} = \dfrac{(-9)-(-5)}{2} = -2$

← 1次関数では，平均変化率は一定であり，その値は x の係数に等しい．

問題 7.2

次の関数について，x の値が1から3まで変化するときの平均変化率を求めてみよう．

〔1〕 $f(x) = x^2 - x$

〔2〕 $f(x) = 3 - x^2$

■ 微分係数

x の値が a から b まで変化するときの関数 $f(x)$ の平均変化率 $\dfrac{f(b)-f(a)}{b-a}$ で，b を $b \to b_1 \to b_2 \to a$ のように限りなく a に近づけたときの極限値 $\displaystyle\lim_{b \to a}\dfrac{f(b)-f(a)}{b-a}$ を $x=a$ の微分係数または変化率といい，$f'(a)$ で表します．

ここで $b-a=h$ とおくと，$b=a+h$ となり，$h \to 0$ のとき $b \to a$ が成り立つので

$$f'(a) = \lim_{h \to 0}\dfrac{f(a+h)-f(a)}{h}$$

← $f'(a)$ は "エフプライム a" と読む．

Note

と表すことができます．

また，このとき関数 $f(x)$ は $x=a$ において微分可能であるといいます．

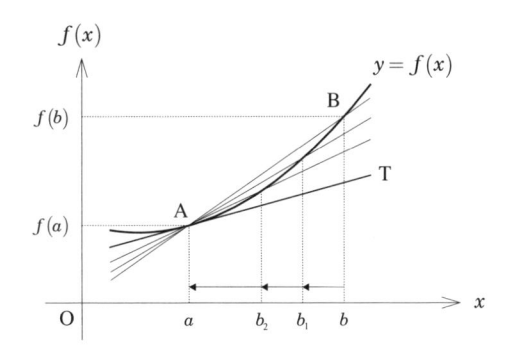

> T は「接線」を意味する英語 tangent の頭文字．

幾何学的には，微分係数 $f'(a)$ は $x=a$ すなわち点 A における接線 AT の傾きを表しています．

> 点Aをこの接線の接点という．

例題

関数 $f(x)=x^2+x$ の $x=2$ における微分係数を求めてみましょう．

例解

$$f'(2)=\lim_{h\to 0}\frac{\{(2+h)^2+(2+h)\}-(2^2+2)}{h}$$
$$=\lim_{h\to 0}\frac{5h+h^2}{h}=\lim_{h\to 0}(5+h)=5$$

問題 7.3

微分係数の定義を用いて，次の関数の（ ）内の値における微分係数を求めてみよう．

〔1〕 $f(x)=x^2-1$ 　　$(x=1)$

〔2〕 $f(x)=-2x^2+3x$ 　　$(x=-1)$

第 7 章　微分法

■ 導関数

関数 $y=f(x)$ の $x=a$ における微分係数 $f'(a)$ の値は，a がいろいろな値をとるとき，それに応じて 1 つに定まります．つまり，$f'(a)$ は a の関数と考えられます．

そこで a を変数 x に置き換えると，$f'(x)$ という x の関数となります．この $f'(x)$ を元の関数 $f(x)$ の導関数または第 1 次導関数といいます．

関数 $f(x)$ の導関数 $f'(x)$ は，次の式で定義されます．

$$f'(x) = \lim_{h \to 0} \frac{f(x+h)-f(x)}{h}$$

ここで，h は x の変化量を表しています．

上の式の h を x の増分といい，関数 $y=f(x)$ の変化量 $f(x+h)-f(x)$ を y の増分といいます．x の増分を Δx，y の増分を Δy で表すことがあります．

すなわち

$$\Delta x = h, \quad \Delta y = f(x+h)-f(x)$$

とすると，導関数は次のように表すこともできます．

$$f'(x) = \lim_{\Delta x \to 0} \frac{\Delta y}{\Delta x} = \lim_{\Delta x \to 0} \frac{f(x+\Delta x)-f(x)}{\Delta x}$$

また，関数 $f(x)$ の導関数 $f'(x)$ を求めることを，$f(x)$ を x で微分するといいます．

例題

導関数の定義に従って，関数 $f(x)=x^3$ を微分してみましょう．

← 関数 $y=f(x)$ の導関数には，$f'(x)$ のほかに，y'，$\dfrac{dy}{dx}$，$\dfrac{d}{dx}f(x)$ などの記号が用いられる．なお，$\dfrac{dy}{dx}$ は "ディワイ・ディエックス" と読み，"dx 分の dy" とは読まない．

← Δ は英語 Difference の頭文字 D に相当するギリシャ文字．"デルタ" と読む．

← $f'(x)$ の幾何学的意味は，任意の実数 x における接線の傾き．

Note

例解

$$f'(x) = \lim_{h \to 0} \frac{(x+h)^3 - x^3}{h} = \lim_{h \to 0} \frac{x^3 + 3x^2h + 3xh^2 + h^3 - x^3}{h}$$
$$= \lim_{h \to 0} \frac{h(3x^2 + 3xh + h^2)}{h} = \lim_{h \to 0} (3x^2 + 3xh + h^2) = 3x^2$$

← $(a+b)^3 = a^3 + 3a^2b + 3ab^2 + b^3$

← $\lim_{h \to 0} 3xh = 0$
$\lim_{h \to 0} h^2 = 0$

問題 7.4

導関数の定義に従って，次の関数を微分してみよう．

〔1〕 $f(x) = 2x$

〔2〕 $f(x) = 3x^2 - 4x$

第2次導関数

$f'(x)$ の導関数を $f(x)$ の第2次導関数といい，y'', $f''(x)$, $\dfrac{d^2y}{dx^2}$, $\dfrac{d^2}{dx^2}f(x)$ などの記号で表す．

7.3 微分計算

複雑な関数の導関数を求める場合，定義に従って計算すると，繁雑になります．そこで，導関数を求めるには基本的な関数の導関数の公式と，いろいろな微分法の公式を用いて計算します．

■ 基本的な関数の導関数

- $f(x) = c$ （c は定数）ならば $f'(x) = 0$
- $f(x) = x^n$ ならば $f'(x) = nx^{n-1}$ （n は実数）

← 定数関数という．

← $(x^0)' = (1)' = 0$
$ = 0 \cdot x^{0-1} = 0$

■ 定数倍・和・差・積・商の微分法の公式

1) $\{kf(x)\}' = kf'(x)$ （k は定数）

2) $\{f(x) \pm g(x)\}' = f'(x) \pm g'(x)$ （複号同順）

3) $\{f(x) \cdot g(x)\}' = f'(x) \cdot g(x) + f(x) \cdot g'(x)$

⚠️

誤 $\dfrac{d^2y}{dx^2} = \left(\dfrac{dy}{dx}\right)^2$

正 $\dfrac{d^2y}{dx^2} = \dfrac{d}{dx}\left(\dfrac{dy}{dx}\right)$

4) $\left\{\dfrac{g(x)}{f(x)}\right\}' = \dfrac{g'(x) \cdot f(x) - g(x) \cdot f'(x)}{\{f(x)\}^2}$ $(f(x) \neq 0)$

例題

次の関数を微分してみましょう．

〔1〕 $y = 2x^3 - 4x + 1$　　〔2〕 $y = \sqrt[3]{x}$

〔3〕 $y = \dfrac{1}{x^2}$　　〔4〕 $y = (x-1)(3x^2 + x)$

〔5〕 $y = \dfrac{3x+2}{2x-1}$

例解

〔1〕 $y' = 6x^2 - 4$

〔2〕 $y = x^{\frac{1}{3}}$ として，$y' = \dfrac{1}{3}x^{\frac{1}{3}-1} = \dfrac{1}{3}x^{-\frac{2}{3}} = \dfrac{1}{3\sqrt[3]{x^2}}$

⬅ $(x^n)' = nx^{n-1}$ を適用．

〔3〕 $y = x^{-2}$ として，$y' = -2x^{-3} = -\dfrac{2}{x^3}$

〔4〕 $\{(x-1)(3x^2+x)\}' = (x-1)'(3x^2+x) + (x-1)(3x^2+x)'$
$= 1 \cdot (3x^2+x) + (x-1)(6x+1)$
$= 9x^2 - 4x - 1$

⬅ 微分公式3) を適用して計算するか，展開してからそれぞれの項を微分する．

〔5〕 $y' = \dfrac{3(2x-1) - 2(3x+2)}{(2x-1)^2} = -\dfrac{7}{(2x-1)^2}$

⬅ 微分公式4) を適用．

問題 7.5

次の関数を微分してみよう．

〔1〕 $y = -2x^3 + x$

〔2〕 $y = 3\sqrt{x} - \dfrac{2}{x^3}$

〔3〕 $y = \dfrac{1}{(x^2-1)^2}$

Note

〔4〕 $y = (2x^2+1)(3x-1)$

〔5〕 $y = \dfrac{3x^2+2}{x+1}$

■ 合成関数の微分法

関数 $y=(x^2-x+1)^3$ は，関数 $t=x^2-x+1$ と関数 $y=t^3$ を合成した関数です．このように 2 つ以上の関数を合成した関数を**合成関数**といいます．

$y=(x^2-x+1)^3$ のような合成関数 y を x について微分するには，展開して微分することもできますが，置き換えることによって微分すると計算が簡単になります．置き換えによって微分する方法が**合成関数の微分法**です．

合成関数の微分法では，次の関係が成り立ちます．

$$\frac{dy}{dx} = \frac{dy}{dt} \cdot \frac{dt}{dx}$$

例題

次の関数を微分してみましょう．

〔1〕 $y = (x^2+3x+1)^4$

〔2〕 $y = \sqrt{x^2+3}$

〔3〕 $y = \left(x + \dfrac{1}{x}\right)^4$

例解

〔1〕 $t = x^2+3x+1$ とおくと，$y = t^4$ より

$$\frac{dy}{dx} = \frac{dy}{dt} \cdot \frac{dt}{dx}$$

の関係を用いて

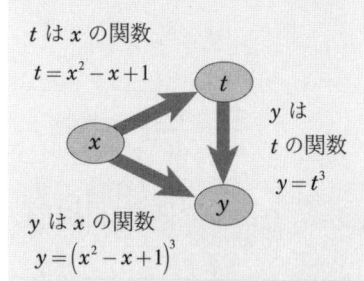

$$\frac{dy}{dx} = \frac{d}{dt}(t^4) \cdot \frac{d}{dx}(x^2+3x+1)$$
$$= 4t^3 \cdot (2x+3) = 4(x^2+3x+1)^3(2x+3)$$

⬅ t を x^2+3x+1 に戻す．

〔2〕 $t = x^2+3$ とおくと，$y = t^{\frac{1}{2}}$ より

$$\frac{dy}{dx} = \frac{d}{dt}\left(t^{\frac{1}{2}}\right) \cdot \frac{d}{dx}(x^2+3) = \frac{1}{2}t^{-\frac{1}{2}} \cdot (2x)$$
$$= \frac{1}{2}(x^2+3)^{-\frac{1}{2}} \cdot (2x) = \frac{x}{\sqrt{x^2+3}}$$

⬅ t を x^2+3 に戻す．

〔3〕 $t = x + \dfrac{1}{x}$ とおくと，$y = t^4$ より

$$\frac{dy}{dx} = \frac{d}{dt}(t^4) \cdot \frac{d}{dx}\left(x+\frac{1}{x}\right) = 4t^3 \cdot \left(1-\frac{1}{x^2}\right)$$
$$= 4\left(x+\frac{1}{x}\right)^3\left(1-\frac{1}{x^2}\right)$$

⬅ t を $x + \dfrac{1}{x}$ に戻す．

問題 7.6

次の関数を微分してみよう．

〔1〕 $y = (1-2x^2)^3$

⬅ $1-2x^2 = t$ とおく．

〔2〕 $y = \sqrt[3]{(x^2+1)(x+2)}$

⬅ $(x^2+1)(x+2) = t$ とおく．

〔3〕 $y = \dfrac{1}{\sqrt[3]{2x-3}}$

⬅ $2x-3 = t$ とおく．

Note

■ いろいろな関数の導関数

ここで，いろいろな関数の導関数を表にまとめておきます．

関数	導関数
x^n	nx^{n-1}
$\sqrt{x}$	$\dfrac{1}{2\sqrt{x}}$
e^x	e^x
$a^x \ (a>0,\ a\neq 1)$	$a^x \log_e a$
$\log_e x$	$\dfrac{1}{x}$
$\log_a x$	$\dfrac{1}{x \log_e a}$
$x^x \ (x>0,\ x\neq 1)$	$x^x(1+\log_e x)$
$\sin x$	$\cos x$
$\cos x$	$-\sin x$
$\tan x$	$\dfrac{1}{\cos^2 x}=\sec^2 x$
$\cot x$	$-\text{cosec}^2 x$
$\sec x$	$\sec x \tan x$
$\text{cosec}\, x$	$-\text{cosec}\, x \cot x$

7.4 微分の応用

1 接線と法線の方程式

曲線 $y=f(x)$ 上の点 $\mathrm{P}(x_1,\ y_1)$ における接線の傾きは，$x=x_1$ での微分係数 $f'(x_1)$ ですから，**接線の方程式**は

$$y-y_1=f'(x)(x-x_1)$$

となります．

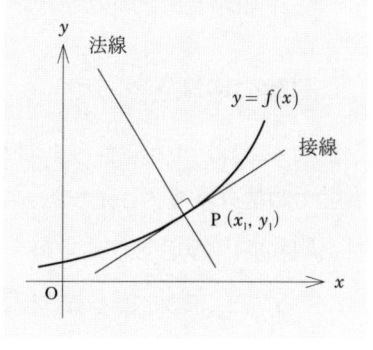

また，曲線上の接点を通って接線に垂直な直線を**法線**といいます．曲線 $y=f(x)$ 上の点 $\mathrm{P}(x_1,\ y_1)$ における法線の

方程式は
$$y - y_1 = -\frac{1}{f'(x)}(x - x_1)$$
となります．

例題

曲線 $y = x^2 - 3x + 2$ の，点 $(2, 0)$ における接線の方程式と法線の方程式を求めてみましょう．

例解

$f(x) = x^2 - 3x + 2$ とおくと $f'(x) = 2x - 3$ です．よって，$f'(2) = 1$ であるから，接線の傾きは 1，法線の傾きは

$$-\frac{1}{f'(2)} = -1$$

したがって，求める接線の方程式は

$$y = x - 2$$

となり，法線の方程式は

$$y = -x + 2$$

となります．

← 直線 $y = mx$ と直線 $y = m'x$ の直交条件は $mm' = -1$．

← $y - 0 = -1(x - 2)$

← $y - 0 = 1(x - 2)$

問題 7.7

曲線 $y = 2x^2 - 4x + 1$ の，点 $(0, 1)$ における接線の方程式と法線の方程式を求めてみよう．

2 関数の増減とグラフ

関数 $y = f(x)$ 上の点 $P(x_1, y_1)$ における接線の傾きは，$x = x_1$ での微分係数 $f'(x_1)$ ですから，関数の値の増減の様子は，$f'(x_1)$ の符号によってわかります．

- $f'(x) > 0$ の区間では，関数 $f(x)$ の値は**増加**の状態

Note

- $f'(x)<0$ の区間では，関数 $f(x)$ の値は減少の状態

関数 $f(x)$ が $x=x_1$ を境にして，増加の状態，すなわち $f'(x)>0$ から減少の状態，すなわち $f'(x)<0$ に移るときは，$f(x)$ は $x=x_1$ で極大であるといい，$f(x_1)$ を極大値といいます．

同様に，減少の状態，すなわち $f'(x)<0$ から増加の状態，すなわち $f'(x)>0$ に移るときは，$f(x)$ は $x=x_1$ で極小であるといい，$f(x_1)$ を極小値といいます．

極大値と極小値を合わせて極値といいます．極値を求めるには，$f'(x)=0$ とする x の値を計算し，x の値の前後における $f'(x)$ の正負を調べます．

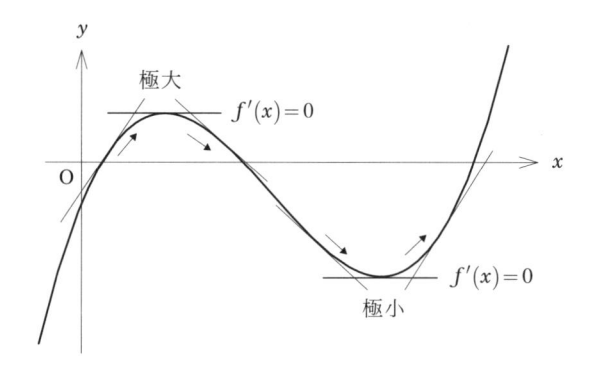

極大・極小と最大・最小の違い
関数のグラフの極大値・極小値は 2 つ以上存在することもあるが，最大値・最小値はただ 1 つだけである．関数の定義域が $a \leq x \leq b$ のように両端を含む区間の場合には，必ず最大値・最小値が存在する．

$y=f(x)$ の導関数を求め，極値を調べることにより関数のグラフの概形を描くことができます．

例題

次の関数について，極値を調べ，そのグラフを描いてみましょう．

〔1〕 $y=x^3-3x^2+3$

〔2〕 $y=x^4-2x^3+2x$

例解

〔1〕 $y = x^3 - 3x^2 + 3$

1. y' を求めると，$y' = 3x^2 - 6x = 3x(x-2)$

2. $y' = 0$ のとき，$3x(x-2) = 0$ より $x = 0, 2$

3. $x < 0$, $0 < x < 2$, $2 < x$ における y' の値の正負を調べて増減表を作成します．増減表の y' の欄に ＋ または － を，y の欄に ↗ または ↘ を記入します．

x	…	0	…	2	…
y'	＋	0	－	0	＋
y	↗	3 (極大)	↘	−1 (極小)	↗

↩ 矢印 ↗ は「増加」を，↘ は「減少」を表す．

4. 増減表を見ながらグラフを描くと次のようになります．

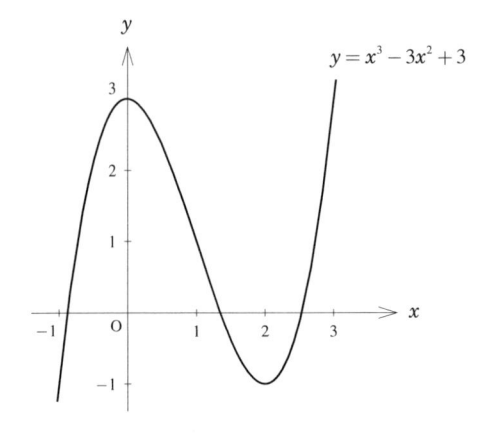

$y = x^3 - 3x^2 + 3$

↩ 曲線の凹凸が入れ替わる点を変曲点という．左のグラフの変曲点は点 $(1, 1)$．

〔2〕 $y = x^4 - 2x^3 + 2x$

1. y' を求めると，$y' = 4x^3 - 6x^2 + 2 = 2(x-1)^2(2x+1)$

2. $y' = 0$ のとき，$2(x-1)^2(2x+1) = 0$ より $x = 1, -\dfrac{1}{2}$

Note

3. $x<-\dfrac{1}{2}$, $-\dfrac{1}{2}<x<1$, $1<x$ における y' の値の正負を調べて増減表を作成します。増減表の y' の欄に + または − を，y の欄に ↗ または ↘ を記入します。

x	…	$-\dfrac{1}{2}$	…	1	…
y'	−	0	+	0	+
y	↘	$-\dfrac{11}{16}$ (極小)	↗	1	↗

この関数は $x=-\dfrac{1}{2}$ のとき極小値 $-\dfrac{11}{16}$ ですが，極大値はありません．

4. $x=0$ のとき $y=0$ ですから，増減表を見ながらグラフを描くと次のようになります．

↻ $f'(x_1)=0$ でも $x=x_1$ の前後で $f'(x)$ の符号が変わらないと増減は変わらず，極値をとるとは限らない．

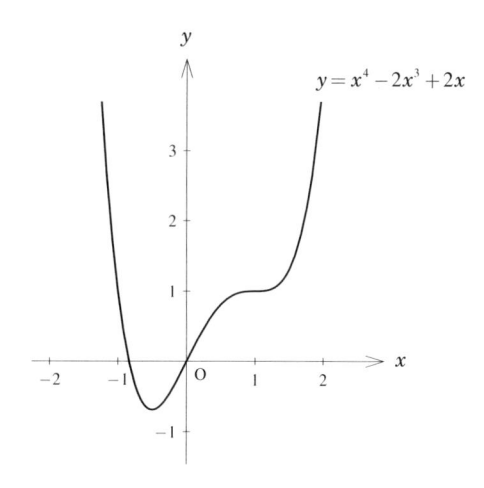

$y=x^4-2x^3+2x$

問題 7.8

関数 $y=-x^3+3x^2-1$ について，極値を調べ，そのグラフを描いてみよう．

第8章

積分法

8.1 不定積分

関数 $f(x)$ が与えられたとき，$F'(x)=f(x)$ を満たす関数 $F(x)$ を，$f(x)$ の**不定積分**または**原始関数**といいます．

例えば，$(x^2)'=2x$ ですから x^2 は $2x$ の原始関数です．また，x^2+1, x^2-1, x^2+3 なども微分すれば $2x$ になるので，これらの関数はいずれも $2x$ の原始関数です．

$f(x)$ の原始関数の 1 つを $F(x)$ とすると，$f(x)$ の任意の原始関数は，$F(x)+C$ と書き，次のような記号を用いて表します．C は任意の定数で，**積分定数**といいます．

$$F'(x)=f(x) \text{ であるとき } \int f(x)dx = F(x)+C$$

不定積分を求める計算は，微分法の計算の逆です．したがって，導関数の公式を逆に利用して不定積分を求めることができます．

■ 不定積分の公式

1) $\displaystyle\int x^n dx = \frac{x^{n+1}}{n+1}+C$ （n は実数で $n \neq -1$ のとき）

2) $\displaystyle\int kf(x)dx = k\int f(x)dx$ （k は定数）

> ❸ $\int f(x)dx$ を "インテグラル・エフエックス・ディエックス" と読む．
>
> 記号 $\int$ は「合計」を意味するラテン語 summa の頭文字 S を伸ばしたものといわれる．

3) $\int \{f(x) \pm g(x)\} dx = \int f(x) dx \pm \int g(x) dx$

(複号同順)

例題

次の不定積分を求めてみましょう.

〔1〕 $\int 4x^2 dx$

〔2〕 $\int (3x^2 - 2x + 5) dx$

〔3〕 $\int \sqrt{x} \, dx$

〔4〕 $\int \dfrac{1}{\sqrt[3]{x}} dx$

例解

〔1〕 $\int 4x^2 dx = 4\int x^2 dx = 4 \times \dfrac{x^{2+1}}{3} + C = \dfrac{4}{3}x^3 + C$

〔2〕 $\int (3x^2 - 2x + 5) dx = 3\int x^2 dx - 2\int x \, dx + 5\int dx$
$= 3 \times \dfrac{x^{2+1}}{3} - 2 \times \dfrac{x^{1+1}}{2} + 5x + C$
$= x^3 - x^2 + 5x + C$

❸ $\int dx = \int 1 \cdot dx$ の "1" は書かない.
$\int dx = x + C$

〔3〕 $\int \sqrt{x} \, dx = \int x^{\frac{1}{2}} dx = \dfrac{x^{\frac{1}{2}+1}}{\frac{1}{2}+1} + C$
$= \dfrac{2}{3} x^{\frac{3}{2}} + C = \dfrac{2}{3}\sqrt{x^3} + C$

❸ $\sqrt{x}$ を $x^{\frac{1}{2}}$ に変えてから公式1) を適用.

〔4〕 $\int \dfrac{1}{\sqrt[3]{x}} dx = \int x^{-\frac{1}{3}} dx = \dfrac{x^{-\frac{1}{3}+1}}{-\frac{1}{3}+1} + C = \dfrac{3}{2}\sqrt[3]{x^2} + C$

❸ $\dfrac{1}{\sqrt[3]{x}}$ を $x^{-\frac{1}{3}}$ に変えてから公式1) を適用.

Note

問題 8.1

次の不定積分を求めてみよう．

〔1〕 $\displaystyle\int \frac{1}{x^3}\,dx$ 〔2〕 $\displaystyle\int \sqrt[3]{x^2}\,dx$

〔3〕 $\displaystyle\int (2x-1)(x+1)\,dx$

■ いろいろな関数の不定積分

ここで，いろいろな関数の不定積分を表にまとめておきます．

関数	不定積分
$\dfrac{1}{x}$	$\log_e |x| + C$
e^x	$e^x + C$
a^x	$\dfrac{a^x}{\log_e a} + C$
e^{ax}	$\dfrac{1}{a}e^{ax} + C \quad (a \neq 0)$
$\log_e x$	$x(\log_e x - 1) + C$
$\sin x$	$-\cos x + C$
$\cos x$	$\sin x + C$
$\sec^2 x$	$\tan x + C$
$\operatorname{cosec}^2 x$	$-\cot x + C$
$\tan x$	$-\log_e |\cos x| + C$
$\cot x$	$\log_e |\sin x| + C$
$\dfrac{f'(x)}{f(x)}$	$\log_e |f(x)| + C$
$f(x)\cdot g'(x)$	$f(x)g(x) - \displaystyle\int f'(x)g(x)\,dx$

8.2 定積分

$f(x)$ の不定積分の1つを $F(x)$ とするとき, $F(x)$ に $x=b$ を代入した値から $x=a$ を代入した値を引いた

$$F(b)-F(a)$$

を $f(x)$ の a から b までの定積分といい, 次のように表します.

$$\int_a^b f(x)dx = \Big[F(x)\Big]_a^b = F(b)-F(a)$$

ここで, a を積分の下端, b を上端と呼びます. また, 定積分 $\int_a^b f(x)dx$ を求めることを, $f(x)$ を a から b まで積分するといいます.

■ 定積分の性質

1) $\int_a^a f(x)dx = 0$

2) $\int_a^b f(x)dx = -\int_b^a f(x)dx$

3) $\int_a^b kf(x)dx = k\int_a^b f(x)dx$ (k は定数)

4) $\int_a^b f(x)dx + \int_b^c f(x)dx = \int_a^c f(x)dx$

5) $\int_a^b \{f(x)dx \pm g(x)dx\} = \int_a^b f(x)dx \pm \int_a^b g(x)dx$

(複号同順)

また, 定積分と微分との間には, 次の関係が成り立ちます.

$$\frac{d}{dx}\int_a^x f(t)dt = f(x) \quad (a \text{ は定数})$$

偶関数の定積分

$f(x)=x^2$, $f(x)=\cos x$ のように $f(-x)=f(x)$ を満たす関数を偶関数といい, そのグラフは y 軸について対称. 偶関数の定積分は

$$\int_{-a}^a f(x)dx = 2\int_0^a f(x)dx$$

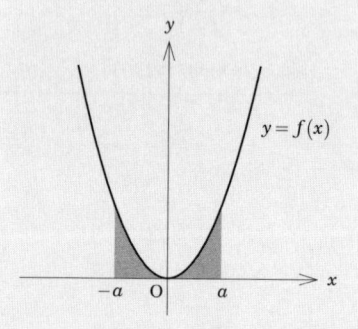

Note

例題

次の定積分を求めてみましょう．

(1) $\int_0^3 (x+1)\,dx$

(2) $\int_{-1}^2 (x^2-3x-2)\,dx$

(3) $\int_2^3 (x+1)^2\,dx$

例解

(1) $\int_0^3 (x+1)\,dx = \left[\dfrac{1}{2}x^2 + x\right]_0^3 = \left(\dfrac{1}{2}\times 9 + 3\right) - 0 = \dfrac{15}{2}$

↶ $\left(\dfrac{1}{2}\times 9 - 0\right) + (3-0)$
$= \dfrac{9}{2} + 3 = \dfrac{15}{2}$

(2) $\int_{-1}^2 (x^2-3x-2)\,dx$

$= \left[\dfrac{x^3}{3} - \dfrac{3}{2}x^2 - 2x\right]_{-1}^2$

$= \left(\dfrac{8}{3} - \dfrac{3}{2}\times 4 - 2\times 2\right) - \left\{\dfrac{-1}{3} - \dfrac{3}{2} - 2(-1)\right\} = -\dfrac{15}{2}$

(3) $\int_2^3 (x+1)^2 dx = \int_2^3 (x^2+2x+1)\,dx = \left[\dfrac{1}{3}x^3 + x^2 + x\right]_2^3$

$= \left(\dfrac{27}{3} + 9 + 3\right) - \left(\dfrac{8}{3} + 4 + 2\right) = \dfrac{37}{3}$

奇関数の定積分

$f(x) = x^3$, $f(x) = \sin x$ のように $f(-x) = -f(x)$ を満たす関数を奇関数といい，そのグラフは原点について対称．奇関数の定積分は

$$\int_{-a}^{a} f(x)\,dx = 0$$

問題 8.2

次の定積分を求めてみよう．

(1) $\int_0^2 (2x+3)(3x+1)\,dx$

(2) $\int_0^1 (x^2-x)\,dx$

(3) $\int_1^4 \sqrt{x}\,dx$

(4) $\int_0^1 (x^2+2x-1)\,dx + \int_1^0 (x^2-x)\,dx$

8.3 積分の応用

1 面積

定積分は曲線で囲まれる図形の面積を求めるのに利用できます．

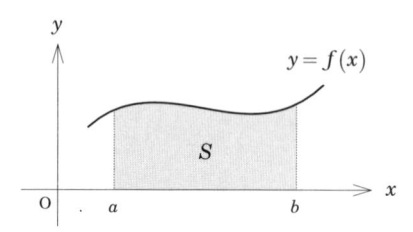

上の図のように $a \leqq x \leqq b$ の範囲で $f(x) > 0$ のとき，曲線 $y = f(x)$ のグラフと，x 軸，$x = a$, $x = b$ で囲まれた図形の面積 S は

$$S = \int_a^b f(x)\,dx$$

です．

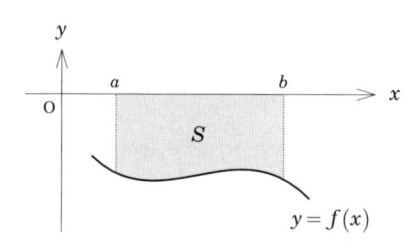

上の図のように $a \leqq x \leqq b$ の範囲で $f(x) < 0$ のとき，曲線 $y = f(x)$ のグラフと，x 軸，$x = a$, $x = b$ で囲まれた図形の面積 S は

$$S = -\int_a^b f(x)\,dx$$

です．

曲線の長さ

曲線 $y = f(x)$ の $a \leqq x \leqq b$ の間の弧の長さ L は

$$L = \int_a^b \sqrt{1 + \{f'(x)\}^2}\,dx$$
$$= \int_a^b \sqrt{1 + \left(\frac{dy}{dx}\right)^2}\,dx$$

Note

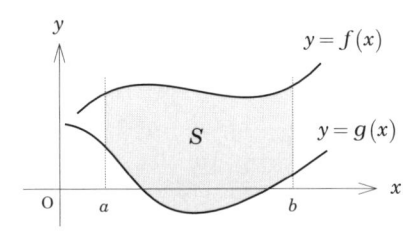

また，上の図のように $a \leq x \leq b$ の範囲で $f(x) > g(x)$ のとき，2つの曲線 $y = f(x)$, $y = g(x)$ と 2 直線で囲まれた部分の面積 S は

$$S = \int_a^b \{f(x) - g(x)\} dx$$

となります．

例題

〔1〕曲線 $y = x(4-x)$ と x 軸および 2 直線 $x = 1$, $x = 3$ で囲まれた図形の面積を求めてみましょう．

〔2〕2 曲線 $y = x^2 - 2x - 3$ と $y = -x^2 + 3x$ で囲まれる図形の面積を求めてみましょう．

例解

〔1〕 $S = \int_1^3 x(4-x) dx = \int_1^3 (4x - x^2) dx$

$= \left[2x^2 - \dfrac{x^3}{3} \right]_1^3 = \dfrac{22}{3}$

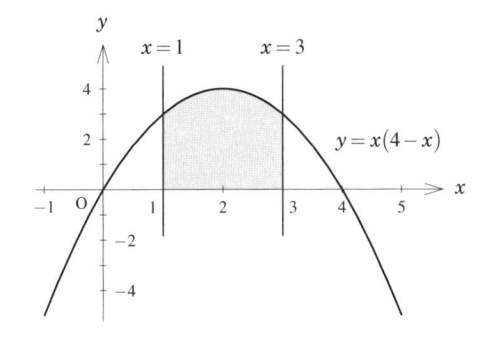

〔2〕 $y = x^2 - 2x - 3$ と $y = -x^2 + 3x$ の交点を求めます.
$$x^2 - 2x - 3 = -x^2 + 3x$$
$$2x^2 - 5x - 3 = 0$$
$$(2x+1)(x-3) = 0$$
$$\therefore\ x = 3, -\frac{1}{2}$$

$$S = \int_{-\frac{1}{2}}^{3} \left\{-x^2 + 3x - \left(x^2 - 2x - 3\right)\right\} dx$$
$$= \int_{-\frac{1}{2}}^{3} \left(-2x^2 + 5x + 3\right) dx$$
$$= \left[-\frac{2}{3}x^3 + \frac{5}{2}x^2 + 3x\right]_{-\frac{1}{2}}^{3} = \frac{343}{24}$$

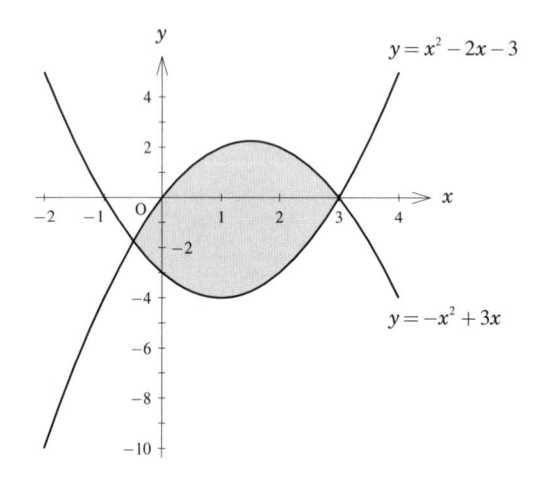

⮌ 2つの曲線 $y = f(x)$ と $y = g(x)$ の交点の x 座標は, 方程式 $f(x) = g(x)$ の実数解である.

> 問題 8.3
>
> 次の面積を求めてみよう.
>
> 〔1〕区間 $[0, 2]$ で, 曲線 $y = x^2 + 3x - 4$ と x 軸で囲まれる図形の面積
>
> 〔2〕曲線 $y = x(x+1)(x-2)$ と x 軸とで囲まれた2つの部分の面積の和

📋 **Note**

2 回転体の体積

面積の場合と同様に，立体の体積を求めるのにも定積分が利用できます．

$a<b$ とし，曲線 $y=f(x)$ と x 軸および2直線 $x=a$, $x=b$ で囲まれた図形を x 軸のまわりに1回転してできる立体の体積 V は，次の式で表されます．

$$V = \pi \int_a^b y^2 dx = \pi \int_a^b \{f(x)\}^2 dx$$

また，図のように，$a<b$ とし，2曲線 $y=f(x)$, $y=g(x)$, および2直線 $x=a$, $x=b$ で囲まれた図形を x 軸のまわりに1回転してできる立体の体積 V は，次のようになります．

$$V = \pi \int_a^b \left[\{f(x)\}^2 - \{g(x)\}^2\right] dx$$

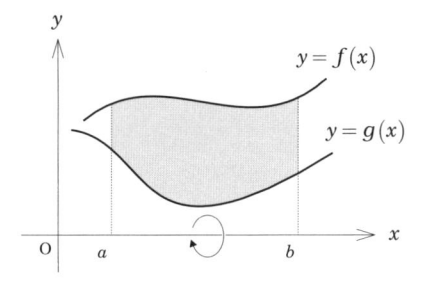

⬅ 曲線 $x=g(y)$ と y 軸および $y=c$, $y=d$ で囲まれた図形を y 軸のまわりに1回転させてできる立体の体積 V は

$$V = \pi \int_c^d x^2 dy$$

例題

原点を中心とする半径 a の円を x 軸のまわりに1回転してできる立体の体積を求めてみましょう．

例解

半径 a の円の方程式 $x^2+y^2=a^2$ から $y^2=a^2-x^2$，よって求める立体の体積 V は

$$V = \pi \int_{-a}^{a} y^2 dx = 2\pi \int_{0}^{a} (a^2 - x^2) dx$$
$$= 2\pi \left[a^2 x - \frac{x^3}{3} \right]_0^a = \frac{4}{3}\pi a^3$$

問題 8.4

次の式を x 軸のまわりに 1 回転してできる立体の体積を求めてみよう．

〔1〕 $y^2 = 4x$ （$0 \leqq x \leqq a$）

〔2〕 $\dfrac{x^2}{a^2} + \dfrac{y^2}{b^2} = 1$ （$a > 0, b > 0$）

Note

第9章

ベクトル

9.1 ベクトルの意味

体重や気温は，それぞれの量の単位で測った大きさだけで決まる量です．これに対して，力の働き方や風の吹き方は，それぞれの量の単位で測った大きさだけではなく，その向きを考慮して，はじめて決まる量です．

- 大きさだけで決まる量を**スカラー量**または単に**スカラー**（scalar）
- 大きさと方向を含めた向きで決まる量を**ベクトル量**または単に**ベクトル**（vector）

といいます．

ベクトルを書き表す方法として，大きさを線分の長さで，向きを矢印によって表す方法があります．このような，矢印をもつ線分を**有向線分**といい，有向線分の始まりをベクトルの**始点**，終わりをベクトルの**終点**といいます．

有向線分 AB で表されるベクトルを記号で表すには，$\overrightarrow{AB}$ と書いたり，あるいは $\vec{a}$ のように1つの文字に矢印を付けたり，$\boldsymbol{a}$ のように太字体で書きます．有向線分の長さ，つまりベクトルの大きさは $|\overrightarrow{AB}|$, $|\vec{a}|$, $|\boldsymbol{a}|$ などと書き表します．

← スカラー量には体重，温度，密度などがある．

← ベクトル量には速度，加速度，電界などがある．

ベクトルの表し方

- 大きさ：有向線分 AB の長さ $|\overrightarrow{AB}|$
- 向き：矢印

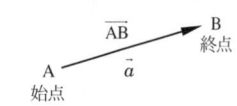

第9章 ベクトル

■ ベクトルの相等

このようにベクトルは大きさと向きで定まるので，2つのベクトル $\vec{a}, \vec{b}$ が等しくなるのは

- それぞれの大きさ $|\vec{a}|, |\vec{b}|$ が等しく
- それぞれの向きが同じ

になるときです．

このときベクトル $\vec{a}$ とベクトル $\vec{b}$ は等しいといい，$\vec{a} = \vec{b}$ と書きます．

ここで留意すべき点は，ベクトルの始点は同じ位置でなくてもよいということです．平行移動によって重ね合わせることができるベクトルであれば，それらは等しいベクトル（$\overrightarrow{AB} = \overrightarrow{CD} = \overrightarrow{XY}$）となります．

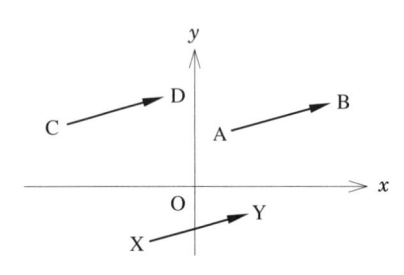

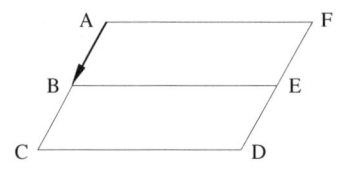

ベクトルの例

天気図で風力の大きさと風向きを示す天気記号．

位置ベクトル

座標平面上で，点 O を固定しておくと，この平面上の点 O の位置は $\overrightarrow{OA} = \vec{a}$ となるベクトル $\vec{a}$ で決まる．この $\vec{a}$ のことを，O を基点とする点 A の位置ベクトルという．

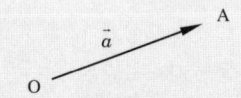

例題

下図の平行四辺形 ACDF において，有向線分 $\overrightarrow{AB}$ に等しいベクトルをすべてあげてみましょう．ただし，線分の長さ AB = BC = DE = EF とします．

Note

例解

有向線分 $\overrightarrow{AB}$ を平行移動することによって重なる有向線分はすべて等しいので，次のようになります．

$$\overrightarrow{AB} = \overrightarrow{BC} = \overrightarrow{ED} = \overrightarrow{FE}$$

問題 9.1

正六角形の中心を O, $\overrightarrow{OA} = \vec{a}$, $\overrightarrow{OB} = \vec{b}$, $\overrightarrow{OC} = \vec{c}$ とするとき

〔1〕 $\overrightarrow{AB}, \overrightarrow{CB}$ に等しいベクトルは，$\vec{a}, \vec{b}, \vec{c}$ のうちどれかを求めてみよう．

〔2〕 $\vec{b}$ に等しい有向線分をすべてあげてみよう．

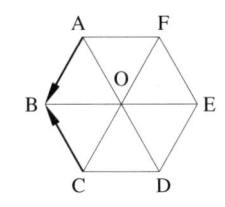

9.2 ベクトルの演算

1 ベクトルの和

2つのベクトル $\vec{a}, \vec{b}$ があるとき，$\vec{a} = \overrightarrow{AB}$, $\vec{b} = \overrightarrow{BC}$ となる点 A, B, C を右図のようにとります．このとき

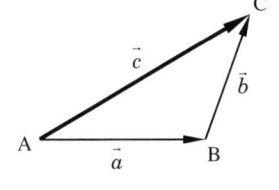

$$\vec{c} = \overrightarrow{AC}$$

を，ベクトル $\vec{a}$ とベクトル $\vec{b}$ の和と定義し

$$\vec{c} = \vec{a} + \vec{b}$$

と書き表します．

第9章 ベクトル

ベクトルの和を作図してみましょう．

- **三角形による方法（始点終点連結法）**

  ベクトル $\vec{a}$ の終点をベクトル $\vec{b}$ の始点に一致させ，三角形 ABC をつくると，残りの辺 AC の有向線分 $\overrightarrow{AC}$ がベクトルの和 $\vec{c}$ となります．

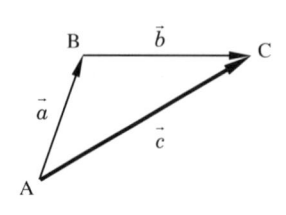

- **平行四辺形による方法**

  ベクトル $\vec{a}$ の始点に，$\vec{b}$ の始点を一致させ，平行四辺形 ABCD をつくると，有向線分 $\overrightarrow{AC}$ がベクトルの和 $\vec{c}$ となります．

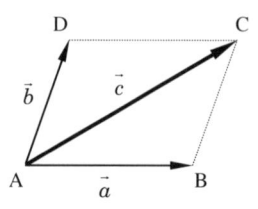

例題

下図のベクトル $\vec{a}, \vec{b}, \vec{c}$ があるとき，次のベクトルを図示してみましょう．

〔1〕 $\vec{a}+\vec{b}$

〔2〕 $\vec{b}+\vec{c}$

〔3〕 $\vec{a}+\vec{b}+\vec{c}$

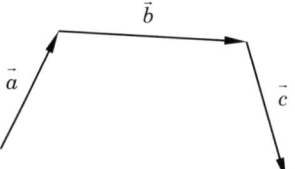

例解

〔1〕 〔2〕

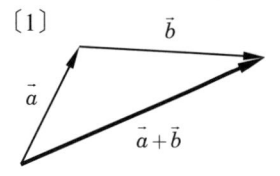

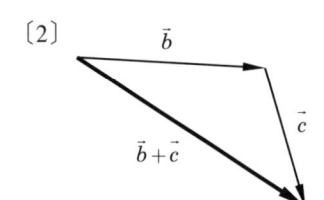

Note

〔3〕

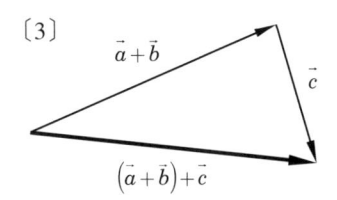

問題 9.2

下図のベクトル $\vec{a}, \vec{b}, \vec{c}$ があるとき，次のベクトルを図示してみよう．

〔1〕 $\vec{a}+\vec{b}$
〔2〕 $\vec{b}+\vec{c}$
〔3〕 $\vec{a}+\vec{b}+\vec{c}$

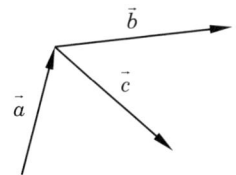

2 ベクトルの差

ベクトル $\vec{a}$ と大きさが等しく，向きが反対であるベクトルを $-\vec{a}$ と表し，これを $\vec{a}$ の逆ベクトルといいます．

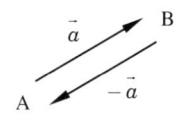

よって，$\vec{a}=\overrightarrow{\mathrm{AB}}$ とすると

$$\overrightarrow{\mathrm{BA}}=-\vec{a}=-\overrightarrow{\mathrm{AB}}$$

となります．

2つのベクトル $\vec{a}, \vec{b}$ があるとき

$$\vec{a}+(-\vec{b})=\vec{a}-\vec{b}$$

と表し，ベクトル $\vec{a}$ からベクトル $\vec{b}$ を引いた差と定めます．

よって，$\vec{a}-\vec{b}$ を作図で求めるには，$\vec{b}$ の逆ベクトル $-\vec{b}$ をつくり，$\vec{a}$ ベクトルとの和を求めます．例えば，三角形による方法で和をつくると

逆ベクトル

逆ベクトル $-\vec{a}$ の負号はベクトル $\vec{a}$ の向きだけを反対にした意味を表す．

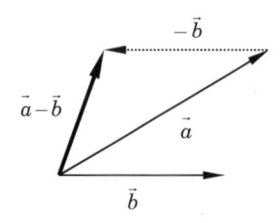

また，$\vec{a} = \overrightarrow{AB}$ と逆ベクトル $-\vec{a} = \overrightarrow{BA}$ の和を考えると

$$\vec{a} + (-\vec{a}) = \overrightarrow{AB} + \overrightarrow{BA} = \overrightarrow{AA}$$

となります．ここで $\overrightarrow{AA}$ は有向線分の始点と終点が一致した，つまり大きさが零のベクトルです．これを零ベクトル（ゼロベクトル）といい，$\vec{0}$ と書きます．零ベクトルでは向きは考えません．

零ベクトルの性質

1) $\vec{a} + (-\vec{a}) = (-\vec{a}) + \vec{a} = \vec{0}$
2) $\vec{a} + \vec{0} = \vec{0} + \vec{a} = \vec{a}$

例題

長方形 ABCD において，$\vec{b} = \overrightarrow{AB}$, $\vec{d} = \overrightarrow{AD}$ とするとき，$\overrightarrow{BD}$, $\overrightarrow{DB}$ を，$\vec{b}, \vec{d}$ を用いて表してみましょう．

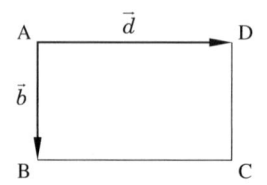

例解

図形上の有向線分を考えると

$$\overrightarrow{BD} = \overrightarrow{BC} + \overrightarrow{CD} = \overrightarrow{AD} - \overrightarrow{DC} = \vec{d} - \vec{b}$$
$$\overrightarrow{DB} = -\overrightarrow{BD} = \vec{b} - \vec{d}$$

これは次のようにも考えることができます．ベクトルの和から

$$\overrightarrow{AB} + \overrightarrow{BD} = \overrightarrow{AD}$$
$$\overrightarrow{BD} = \overrightarrow{AD} - \overrightarrow{AB} = \vec{d} - \vec{b}$$
$$\overrightarrow{DB} = \overrightarrow{DC} + \overrightarrow{CB} = \vec{b} + (-\vec{d}) = \vec{b} - \vec{d}$$

Note

> **問題** 9.3
>
> 平行四辺形 ABCD の対角線の交点を O とし，$\vec{a} = \overrightarrow{\mathrm{OA}}, \vec{b} = \overrightarrow{\mathrm{OB}}$ とするとき，$\overrightarrow{\mathrm{OC}}, \overrightarrow{\mathrm{AB}}$ を求めてみよう．

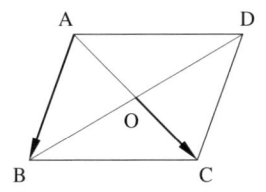

3 ベクトルの実数倍

ベクトル $\vec{a}$ の実数倍 $k\vec{a}$ を，次のように定めます．

- $k > 0$ のとき，大きさが $|\vec{a}|$ の k 倍で，向きが $\vec{a}$ の向きと同じベクトル
- $k < 0$ のとき，大きさが $|\vec{a}|$ の $|k|$ 倍で，向きが $\vec{a}$ の向きと反対であるベクトル
- $k = 0$ のとき，零ベクトル $\vec{0}$

■ ベクトルの演算規則（k, l は実数）

1) $\vec{a} + \vec{b} = \vec{b} + \vec{a}$ ………（交換法則）
2) $(\vec{a} + \vec{b}) + \vec{c} = \vec{a} + (\vec{b} + \vec{c})$ ………（結合法則）
3) $k(\vec{a} + \vec{b}) = k\vec{a} + k\vec{b}$
4) $(k + l)\vec{a} = k\vec{a} + l\vec{a}$
5) $(kl)\vec{a} = k(l\vec{a}) = l(k\vec{a})$

ベクトルの和・差・実数倍については，通常の数や式の計算の場合と同様な演算ができます．

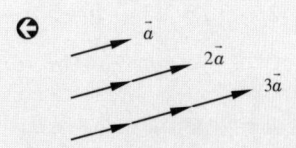

ベクトルの平行

$\vec{a} \neq 0, \vec{b} \neq 0$ のとき
$\vec{a} /\!/ \vec{b} \Leftrightarrow \vec{b} = k\vec{a}$ （k は実数）

単位ベクトル

大きさが1のベクトルを**単位ベクトル**という．零ベクトルでない任意のベクトルを $\vec{a}$ とすると，$\vec{a}$ と同じ向きの単位ベクトル $\vec{e}$ は

$$\vec{e} = \frac{\vec{a}}{|\vec{a}|}$$

例題

$\vec{p}=3\vec{a}+\vec{b}$, $\vec{q}=\vec{a}-2\vec{b}$ のとき，次のベクトルを $\vec{a},\vec{b}$ で表してみましょう．

(1) $\vec{p}+\vec{q}$

(2) $2\vec{p}-3\vec{q}$

(3) $\vec{p}-\vec{x}=\vec{q}+\vec{x}$ を満たす $\vec{x}$

例解

(1) $\vec{p}+\vec{q}=(3\vec{a}+\vec{b})+(\vec{a}-2\vec{b})=4\vec{a}-\vec{b}$

(2) $2\vec{p}-3\vec{q}=2(3\vec{a}+\vec{b})-3(\vec{a}-2\vec{b})$
$=6\vec{a}+2\vec{b}-3\vec{a}+6\vec{b}=3\vec{a}+8\vec{b}$

(3) $\vec{p}-\vec{x}=\vec{q}+\vec{x}$ より

$$\vec{x}=\frac{1}{2}(\vec{p}-\vec{q})=\frac{1}{2}(3\vec{a}+\vec{b}-\vec{a}+2\vec{b})=\vec{a}+\frac{3}{2}\vec{b}$$

問題 9.4

次の式の $\vec{x}$ を求めてみよう．

(1) $\vec{a}+2\vec{b}+2\vec{x}=\vec{b}-3\vec{a}+\vec{x}$

(2) $2\vec{a}+5\vec{b}+\vec{x}=6\vec{a}-\vec{b}-2\vec{x}$

9.3 ベクトルの成分

ベクトル $\vec{a}$ に対して，座標平面上の原点を O とし，$\vec{a}=\overrightarrow{OA}$ となる点 A をとり，点 A の座標を (a_1, a_2) とします．A からそれぞれ x 軸，y 軸へ垂線 AH, AK をおろすと

$\overrightarrow{OA}=\overrightarrow{OH}+\overrightarrow{OK}$

ここで，x 軸上に点 E (1, 0)，y 軸上に点 F (0, 1) をとり，$\vec{e_1}=\overrightarrow{OE}$，$\vec{e_2}=\overrightarrow{OF}$ とします．

Note

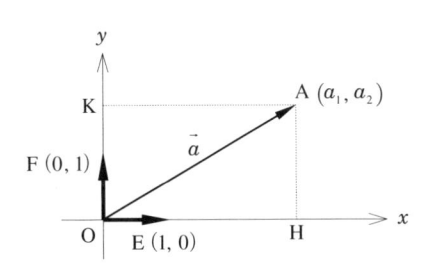

このような $\vec{e_1}, \vec{e_2}$ を座標軸に関する**基本ベクトル**といいます．このとき

$$\overrightarrow{OH} = a_1\overrightarrow{OE} = a_1\vec{e_1}, \quad \overrightarrow{OK} = a_2\overrightarrow{OF} = a_2\vec{e_2}$$

となることから

$$\vec{a} = a_1\vec{e_1} + a_2\vec{e_2}$$

と表すことができます．

このときの実数 a_1, a_2 をそれぞれ $\vec{a}$ の x **成分**，y **成分**といいます．つまり $\vec{a}$ を，原点 O を始点とする $\overrightarrow{OA}$ で表すと，$\vec{a}$ の成分は終点 A の座標 (a_1, a_2) と一致します．

また，ベクトルの大きさ $|\vec{a}|$ は，三角形 OHA より

$$|\vec{a}|^2 = OH^2 + OK^2$$

$$\therefore \quad |\vec{a}| = \sqrt{a_1^2 + a_2^2}$$

◑ x 軸および y 軸の正の向きと同じ向きの単位ベクトルを基本ベクトルという．

$$\vec{e_1} = (1, 0), \quad \vec{e_2} = (0, 1)$$

◑ 三平方の定理（ピタゴラスの定理）．

■ ベクトルの和，差，実数倍の成分表示

1) $(a_1, a_2) + (b_1, b_2) = (a_1 + b_1, a_2 + b_2)$
2) $(a_1, a_2) - (b_1, b_2) = (a_1 - b_1, a_2 - b_2)$
3) $k(a_1, a_2) + l(b_1, b_2) = (ka_1 + lb_1, ka_2 + lb_2)$

例題

$\vec{a} = (1, -4), \vec{b} = (-3, 2), \vec{c} = (3, 5)$ のとき，次のベクトルを成分で表示し，その大きさを求めてみましょう．

〔1〕 $\vec{a} - \vec{b}$　　〔2〕 $\vec{a} + \vec{b} + 2\vec{c}$

例解

ベクトルを成分表示することにより，ベクトルの演算を形式的に実数の計算と同じように行うことができます．

〔1〕 $\vec{a} - \vec{b} = (1, -4) - (-3, 2)$
$\qquad\qquad = (4, -6)$

大きさ $|\vec{a} - \vec{b}| = \sqrt{4^2 + (-6)^2} = 2\sqrt{13}$

← $\sqrt{4^2 + (-6)^2} = \sqrt{52} = \sqrt{4 \times 13}$
$\qquad = \sqrt{2^2 \times 13} = 2\sqrt{13}$

〔2〕 $\vec{a} + \vec{b} + 2\vec{c} = (1, -4) + (-3, 2) + 2(3, 5)$
$\qquad\qquad = (1 - 3 + 6, -4 + 2 + 10)$
$\qquad\qquad = (4, 8)$

大きさ $|\vec{a} + \vec{b} + 2\vec{c}| = \sqrt{4^2 + 8^2} = 4\sqrt{5}$

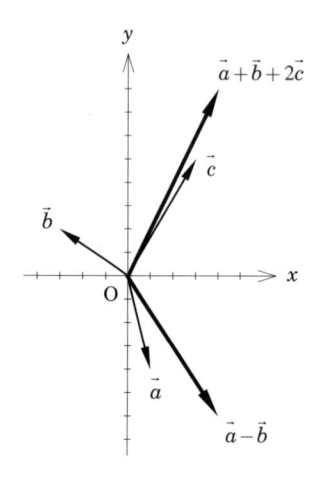

← $\sqrt{4^2 + 8^2} = \sqrt{80} = \sqrt{16 \times 5}$
$\qquad = \sqrt{4^2 \times 5} = 4\sqrt{5}$

問題 9.5

$\vec{a} = (2, 3)$, $\vec{b} = (-4, 5)$ のとき，$2\vec{a} - \vec{b}$ を成分で表し，このベクトルの大きさを求めてみよう．

Note

9.4 ベクトルの内積

点 O を始点とする 2 つのベクトル $\vec{a}=\overrightarrow{OA}, \vec{b}=\overrightarrow{OB}$ があるとき

$\theta = \angle AOB$
$(0°\leqq\theta\leqq 180°)$

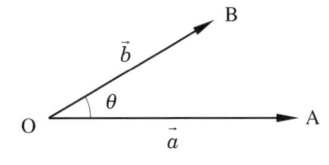

を $\vec{a}$ と $\vec{b}$ のなす角といいます．このとき

$|\vec{a}||\vec{b}|\cos\theta$

を，2 つのベクトル $\vec{a}, \vec{b}$ の内積といい，記号 $\vec{a}\cdot\vec{b}$ で表します．

すなわち

$\vec{a}\cdot\vec{b}=|\vec{a}||\vec{b}|\cos\theta$

と定義します．

2 つのベクトル $\vec{a}=(a_1, a_2)$, $\vec{b}=(b_1, b_2)$ の内積 $\vec{a}\cdot\vec{b}$ を，成分を用いて表してみよう．

図のように，$\vec{a}=\overrightarrow{OA}, \vec{b}=\overrightarrow{OB}$ とし，$\angle AOB=\theta$ とすると

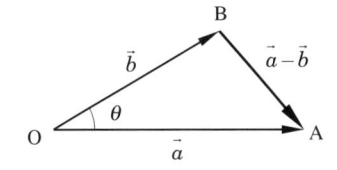

余弦定理より

$AB^2 = OA^2 + OB^2 - 2OA\cdot OB\cos\theta$

よって

$2OA\cdot OB\cos\theta = OA^2 + OB^2 - AB^2$

ここで

$2OA\cdot OB\cos\theta = 2|\vec{a}||\vec{b}|\cos\theta = 2(\vec{a}\cdot\vec{b})$

内積の性質

1) $\vec{a}\cdot\vec{b}=\vec{b}\cdot\vec{a}$ （交換法則）
2) $\vec{a}\cdot(\vec{b}+\vec{c})=\vec{a}\cdot\vec{b}+\vec{a}\cdot\vec{c}$
   （分配法則）
3) $(k\vec{a})\cdot\vec{b}=\vec{a}\cdot(k\vec{b})=k(\vec{a}\cdot\vec{b})$
4) $\vec{a}\cdot\vec{a}=|\vec{a}|^2$

↶ $\vec{a}=\vec{0}$ または $\vec{b}=\vec{0}$ のときは $\vec{a}\cdot\vec{b}=0$ と定める．

☞ 余弦定理に関しては，p.44 を参照．

$$\mathrm{OA}^2 = \left|\vec{a}\right|^2 = a_1^2 + a_2^2$$

$$\mathrm{OB}^2 = \left|\vec{b}\right|^2 = b_1^2 + b_2^2$$

$$\mathrm{AB}^2 = \left|\vec{a} - \vec{b}\right|^2 = (a_1 - b_1)^2 + (a_2 - b_2)^2$$

であるから

$$\mathrm{OA}^2 + \mathrm{OB}^2 - \mathrm{AB}^2$$
$$= (a_1^2 + a_2^2) + (b_1^2 + b_2^2) - (a_1 - b_1)^2 - (a_2 - b_2)^2$$
$$= 2(a_1 b_1 + a_2 b_2)$$

したがって

$$\vec{a} \cdot \vec{b} = a_1 b_1 + a_2 b_2$$

となります．

ベクトルの平行・垂直と内積

2つのベクトル $\vec{a}$ と $\vec{b}$ のなす角 θ を $0° \leqq \theta \leqq 180°$ とします．

(1) 2つのベクトル $\vec{a}$, $\vec{b}$ が平行のとき

$\vec{a}$, $\vec{b}$ が同じ向きならば

$$\vec{a} \cdot \vec{b} = \left|\vec{a}\right|\left|\vec{b}\right|\cos 0° = \left|\vec{a}\right|\left|\vec{b}\right|$$

$\vec{a}$, $\vec{b}$ が反対向きならば

$$\vec{a} \cdot \vec{b} = \left|\vec{a}\right|\left|\vec{b}\right|\cos 180° = -\left|\vec{a}\right|\left|\vec{b}\right|$$

(2) 2つのベクトル $\vec{a}$, $\vec{b}$ が垂直のとき

$$\vec{a} \cdot \vec{b} = \left|\vec{a}\right|\left|\vec{b}\right|\cos 90° = 0$$

例題

$\left|\vec{a}\right| = 4$, $\left|\vec{b}\right| = 3$, $\vec{a}, \vec{b}$ のなす角が $45°$ のとき，内積 $\vec{a} \cdot \vec{b}$ を計算してみましょう．

Note

誤　$\vec{a} \cdot \vec{a} = \vec{a}^2$

正　$\vec{a} \cdot \vec{a} = \left|\vec{a}\right|^2$

9.4 ベクトルの内積

例解

内積 $\vec{a}\cdot\vec{b}=4\times 3\times\cos 45°=4\times 3\times\dfrac{1}{\sqrt{2}}=6\sqrt{2}$

問題 9.6

$\vec{a},\vec{b}$ のなす角が θ のとき，次のベクトルの内積 $\vec{a}\cdot\vec{b}$ を求めてみよう．

(1) $|\vec{a}|=1,\ |\vec{b}|=3,\ \theta=30°$

(2) $|\vec{a}|=\sqrt{2},\ |\vec{b}|=\sqrt{6},\ \theta=135°$

2つのベクトル $\vec{a},\vec{b}$ のなす角を θ ($0°\leqq\theta\leqq 180°$) とすると

$$\cos\theta=\dfrac{\vec{a}\cdot\vec{b}}{|\vec{a}||\vec{b}|}=\dfrac{a_1b_1+a_2b_2}{\sqrt{a_1^2+a_2^2}\sqrt{b_1^2+b_2^2}}$$

特に $\theta=90°$ のとき，すなわち垂直になるとき，$\cos 90°=0$ より $a_1b_1+a_2b_2=0$．

例題

2つのベクトル $\vec{a}=(2,\ p),\ \vec{b}=(1+p,\ 3)$ があり，$\vec{a},\vec{b}$ が垂直になるとき，p の値を求めてみましょう．

例解

2つのベクトル $\vec{a},\vec{b}$ が垂直になるとき，ベクトルのなす角 θ は $90°$ であるから

$2(1+p)+3p=0$

$2+5p=0$

$\therefore\ p=-\dfrac{2}{5}$

問題 9.7

2つのベクトル $\vec{a}=(2,\ 1),\ \vec{b}=(-1,\ x)$ が垂直になるとき，x の値を求めてみよう．

🔄 内積では演算の結果がスカラーになることに注意．

(ベクトル)・(ベクトル)
 =(スカラー)

このため内積のことを**スカラー積**とも呼ぶ．

ベクトルの垂直

$\vec{a}\neq 0,\ \vec{b}\neq 0$ のとき

$\vec{a}\perp\vec{b}\ \Leftrightarrow\ \vec{a}\cdot\vec{b}=0$

9.5 ベクトルの応用

1 平行四辺形の面積

$\vec{a} = (a_1, a_2)$, $\vec{b} = (b_1, b_2)$ を 2 辺とする平行四辺形の面積 S を求めてみます．

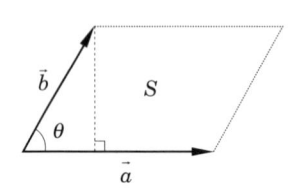

2 つのベクトル $\vec{a}, \vec{b}$ のなす角を θ ($0° \leqq \theta \leqq 180°$) とすると

$$\cos\theta = \frac{\vec{a} \cdot \vec{b}}{|\vec{a}||\vec{b}|}$$

$0° \leqq \theta \leqq 180°$ より，$\sin\theta > 0$ であるから

$$\sin\theta = \sqrt{1 - \cos^2\theta} = \frac{\sqrt{|\vec{a}|^2|\vec{b}|^2 - (\vec{a} \cdot \vec{b})^2}}{|\vec{a}||\vec{b}|}$$

← 内積 $\vec{a} \cdot \vec{b} = |\vec{a}||\vec{b}|\cos\theta$

← 公式 $\sin^2\theta + \cos^2\theta = 1$ を変形して
$$\sin\theta = \pm\sqrt{1 - \cos^2\theta}$$

よって，面積は

$$\begin{aligned}
S &= |\vec{a}||\vec{b}|\sin\theta \\
&= |\vec{a}||\vec{b}|\frac{\sqrt{|\vec{a}|^2|\vec{b}|^2 - (\vec{a} \cdot \vec{b})^2}}{|\vec{a}||\vec{b}|} \\
&= \sqrt{|\vec{a}|^2|\vec{b}|^2 - (\vec{a} \cdot \vec{b})^2} \\
&= \sqrt{(a_1^2 + a_2^2)(b_1^2 + b_2^2) - (a_1b_1 + a_2b_2)^2} \\
&= \sqrt{(a_1b_2 - a_2b_1)^2} \\
&= |a_1b_2 - a_2b_1|
\end{aligned}$$

← $S^2 = |\vec{a}|^2|\vec{b}|^2\sin^2\theta$
$= |\vec{a}|^2|\vec{b}|^2 - (\vec{a} \cdot \vec{b})^2$
$= (a_1b_2 - a_2b_1)^2$

となります．

Note

例題

座標平面上の 3 点 A (3, −2), B (4, 1), C (−2, 5) を頂点とする三角形 ABC の面積を求めてみましょう．

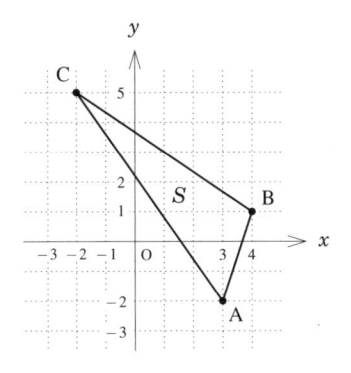

座標とベクトル

$P(x_1, y_1)$, $Q(x_2, y_2)$ のとき, $\overrightarrow{PQ} = (x_2 - x_1, y_2 - y_1)$.

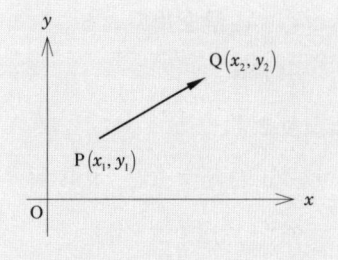

↩ $\overrightarrow{AB} = (4 - 3, 1 - (-2))$
$\overrightarrow{AC} = (-2 - 3, 5 - (-2))$

例解

$\overrightarrow{AB} = (1, 3)$, $\overrightarrow{AC} = (-5, 7)$ であるから，求める三角形の面積 S は平行四辺形の面積の $\dfrac{1}{2}$ になり，次のように求まります．

$$S = \frac{1}{2}|a_1 b_2 - a_2 b_1|$$
$$= \frac{1}{2}|1 \cdot 7 - 3 \cdot (-5)| = 11$$

問題 9.8

座標平面上の 3 点 A (1, −2), B (3, 1), C (2, 5) を頂点とする三角形 ABC の面積を求めてみよう．

2 2 つの直線のなす角

与えられた直線に対して垂直な方向のベクトルを，この直線の**法線**ベクトルといいます．一般に，直線はそれが通る 1 点 $P_0(x_0, y_0)$ と法線ベクトル $\vec{n}$ でも決定することがで

きます．このときの直線の方程式を求めてみましょう．

直線上の任意の点を $P(x, y)$ とすると，$\overrightarrow{P_0P}$ と $\vec{n}$ は垂直であるから，内積を用いると

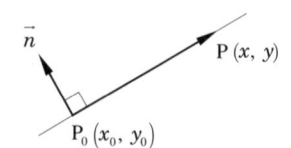

$$\vec{n} \cdot \overrightarrow{P_0P} = 0$$

となります．

$\vec{n} = (a, b)$ とすると，$\overrightarrow{P_0P} = (x - x_0, y - y_0)$ より

$$a(x - x_0) + b(y - y_0) = 0$$

ここで $-ax_0 - by_0 = c$ とおくと，直線 $ax + by + c = 0$ と書き直されます．

一般に直線の方程式が $ax + by + c = 0$ と与えられるとき，この直線の法線ベクトル $\vec{n}$ は

$$\vec{n} = (a, b)$$

となります．

この 2 つの直線 (l_1, l_2) の法線ベクトル $\vec{n_1} = (a_1, b_1)$，$\vec{n_2} = (a_2, b_2)$ のなす角を θ とすれば，内積の定義から

$$\cos \theta = \frac{\vec{n_1} \cdot \vec{n_2}}{|\vec{n_1}||\vec{n_2}|} = \frac{a_1 a_2 + b_1 b_2}{\sqrt{a_1^2 + b_1^2}\sqrt{a_2^2 + b_2^2}}$$

で求めることができます．

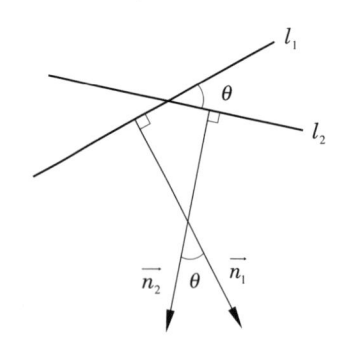

⊖ 点 (x_0, y_0) を通り，$\vec{n} = (a, b)$ に垂直な直線の方程式．

Note

例題

2 つの直線 $2x+y-7=0$, $3x-6y=1$ のなす角 θ を求めてみましょう．

例解

2 つの直線のなす角は，それぞれの法線ベクトルのなす角と一致するから，直線の法線ベクトル $\vec{n}$ を求め，それらの法線ベクトルがなす角から求めます．

直線 $2x+y-7=0$ の $\vec{n_1}=(2, 1)$, 直線 $3x-6y=1$ の $\vec{n_2}=(3, -6)$ であるから，これら 2 つの直線のなす角 θ は

$$\cos\theta = \frac{2\cdot 3 + 1\cdot(-6)}{\sqrt{2^2+1^2}\sqrt{3^2+(-6)^2}} = 0$$

$\therefore\ \theta = 90°$

問題 9.9

2 つの直線 $x+2y-1=0$, $-x+3y=6$ のなす角を求めてみよう．

第10章

行列式

10.1 行列式の定義

連立2元1次方程式
$$\begin{cases} ax+by=p & \cdots\cdots (1) \\ cx+dy=q & \cdots\cdots (2) \end{cases}$$
を加減法で解いてみて，行列式の定義を考えてみましょう．

式 (2) $\times a$ − 式 (1) $\times c$ より，未知数 x を消去すると
$$(ad-bc)y=aq-cp$$

また，式 (1) $\times d$ − 式 (2) $\times b$ より，未知数 y を消去すると
$$(ad-bc)x=dp-bq$$

よって，この連立1次方程式の解は，$ad-bc \neq 0$ ならば
$$x=\frac{dp-bq}{ad-bc}, \quad y=\frac{aq-cp}{ad-bc}$$
と求まります．

ここで，与えられた連立方程式と求めた解を比較すると
- 解の分母が共通で，連立方程式の未知数 x, y の係数でつくられる
- 解 x の分子は，未知数 y の係数と定数項でつくられる
- 解 y の分子は，未知数 x の係数と定数項でつくられる

そこで，共通になっている分母を調べるために，未知数 x, y の係数を連立方程式から抜き出すと

$$\begin{matrix} a & b \\ c & d \end{matrix}$$

となります．

そして，左上から右下への線上の積 (ad) から，右上から左下への線上の積 (bc) を引き算すると，分母 $(ad-bc)$ になります．

次に解 x の分子を調べるために，未知数 x の係数の代わりに定数項 p, q をおくと

$$\begin{matrix} p & b \\ q & d \end{matrix}$$

この左上から右下への線上の数の積から，右上から左下への線上の積 (bq) を引き算すると，解 x の分子 $(pd-bq)$ になります．

同様に，解 y の分子を調べるために，未知数 y の係数の代わりに定数項をおくと

$$\begin{matrix} a & p \\ c & q \end{matrix}$$

また同様に，左上から右下への線上の積 (aq) から，右上から左下への線上の積 (pc) を引き算すると，解 y の分子 $(aq-pc)$ になります．

そこで，連立方程式の計算ルールは，解 x と解 y の分母を

$$\begin{vmatrix} a & b \\ c & d \end{vmatrix} = ad - bc$$

とすると，解 x の分子，解 y の分子も同様に

$$\begin{vmatrix} p & b \\ q & d \end{vmatrix} = pd - bq$$

行列式の性質

1) 行と列を入れ替えても，その値は変わらない．
2) 2つの行(列)を入れ替えると，値は符号だけ変わる．

Note

$$\begin{vmatrix} a & p \\ c & q \end{vmatrix} = aq - pc$$

となります．

一般に

$$\begin{vmatrix} a & b \\ c & d \end{vmatrix}$$

の形を 2 行 2 列の**行列式**または **2 次の行列式**といい，その値を $ad - bc$ と定義します．

例題

次の行列式の値を計算してみましょう．

〔1〕 $\begin{vmatrix} 6 & 3 \\ 5 & 4 \end{vmatrix}$ 〔2〕 $\begin{vmatrix} -3 & -1 \\ 2 & 5 \end{vmatrix}$ 〔3〕 $\begin{vmatrix} ka & k \\ a & 2 \end{vmatrix}$

例解

〔1〕 $\begin{vmatrix} 6 & 3 \\ 5 & 4 \end{vmatrix} = 6 \times 4 - 3 \times 5 = 24 - 15 = 9$

〔2〕 $\begin{vmatrix} -3 & -1 \\ 2 & 5 \end{vmatrix} = -3 \times 5 - (-1) \times 2 = -15 + 2 = -13$

〔3〕 $\begin{vmatrix} ka & k \\ a & 2 \end{vmatrix} = ka \times 2 - k \times a = 2ka - ka = ka$

問題 10.1

次の行列式の値を計算してみよう．

〔1〕 $\begin{vmatrix} 2 & 4 \\ 5 & 3 \end{vmatrix}$ 〔2〕 $\begin{vmatrix} 0 & 1 \\ -1 & 0 \end{vmatrix}$ 〔3〕 $\begin{vmatrix} 3 & x \\ a & x \end{vmatrix}$

← 2 次行列式の計算方法

$$\begin{vmatrix} a & b \\ c & d \end{vmatrix} = ad - bc$$

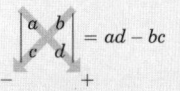

このように計算する方法を**サラス (Sarrus) の方法**という．

← 図形的には，行列式 $\begin{vmatrix} a & b \\ c & d \end{vmatrix}$ はベクトル $\vec{p} = (a, b)$ とベクトル $\vec{q} = (c, d)$ がつくる平行四辺形の面積を示す．

10.2 クラメールの公式

連立 2 元 1 次方程式

$$\begin{cases} ax+by=p \\ cx+dy=q \end{cases}$$

を，行列式を用いて表現すると

$$\begin{vmatrix} a & b \\ c & d \end{vmatrix} x = \begin{vmatrix} p & b \\ q & d \end{vmatrix} \text{ と,} \quad \begin{vmatrix} a & b \\ c & d \end{vmatrix} y = \begin{vmatrix} a & p \\ c & q \end{vmatrix}$$

と表すことができます．

この解は，次の 3 つの場合に分けられます．

- $\begin{vmatrix} a & b \\ c & d \end{vmatrix} = ad - bc \neq 0$ のとき

$$x = \frac{\begin{vmatrix} p & b \\ q & d \end{vmatrix}}{\begin{vmatrix} a & b \\ c & d \end{vmatrix}}, \quad y = \frac{\begin{vmatrix} a & p \\ c & q \end{vmatrix}}{\begin{vmatrix} a & b \\ c & d \end{vmatrix}}$$

これをクラメールの公式（Cramer's rule）といいます．

- $\begin{vmatrix} a & b \\ c & d \end{vmatrix} = ad - bc = 0$ のとき

$$\begin{vmatrix} p & b \\ q & d \end{vmatrix} = 0, \quad \begin{vmatrix} a & p \\ c & q \end{vmatrix} = 0$$

ならば，解は無限にあり，不定となります．

- $\begin{vmatrix} a & b \\ c & d \end{vmatrix} = ad - bc = 0$ のとき

$$\begin{vmatrix} p & b \\ q & d \end{vmatrix} \neq 0, \quad \begin{vmatrix} a & p \\ c & q \end{vmatrix} \neq 0$$

ならば，解はなく，不能となります．

↩ 1 次方程式 $ax = b$ の解は
- $a \neq 0$ のとき
$$x = \frac{b}{a}$$
- $a = 0$ のとき
  $b = 0$ ならば，不定．
  $b \neq 0$ ならば，不能．

↩ $\begin{cases} 2x - 3y = -1 \\ 4x - 6y = -2 \end{cases}$ の場合は不定．

↩ $\begin{cases} 2x - 3y = -1 \\ 4x - 6y = 2 \end{cases}$ の場合は不能．

Note

例題

次の連立 2 元 1 次方程式を，クラメールの公式を用いて解いてみましょう．

$$\begin{cases} 6x - y = 5 \\ 2x + y = 11 \end{cases}$$

例解

クラメールの公式より

$$x = \frac{\begin{vmatrix} 5 & -1 \\ 11 & 1 \end{vmatrix}}{\begin{vmatrix} 6 & -1 \\ 2 & 1 \end{vmatrix}} = \frac{5 \times 1 - (-1) \times 11}{6 \times 1 - (-1) \times 2} = \frac{16}{8} = 2$$

同様に

$$y = \frac{\begin{vmatrix} 6 & 5 \\ 2 & 11 \end{vmatrix}}{\begin{vmatrix} 6 & -1 \\ 2 & 1 \end{vmatrix}} = \frac{66 - 10}{6 + 2} = \frac{56}{8} = 7$$

問題 10.2

クラメールの公式を用いて，次の連立方程式を解いてみよう．

〔1〕 $\begin{cases} x + 3y = 5 \\ 3x + 2y = 1 \end{cases}$

〔2〕 $\begin{cases} 5x + 3y = 7 \\ 2x + y = 3 \end{cases}$

〔3〕 $\begin{cases} ax - y = 0 \\ x + ay = 1 \end{cases}$

第11章

行 列

11.1 行列の定義

いくつかの数を長方形状に並べて括弧で囲んだ

$$\begin{pmatrix} 1 & 2 \\ 3 & 4 \end{pmatrix} \quad \begin{pmatrix} 1 & 2 & 3 \\ 4 & 5 & 6 \end{pmatrix} \quad \begin{bmatrix} 1 & 2 & 3 \\ 4 & 5 & 6 \\ 7 & 8 & 9 \end{bmatrix}$$

を行列またはマトリックス (matrix) といい, 並べられた各数字を, その行列の成分といいます.

横の数の並びを行, 縦の並びを列といい, m 個の行と n 個の列からなる行列を m 行 n 列の行列, $m \times n$ 型行列または (m, n) 行列といいます. 特に, 行と列の個数が等しい行列を正方行列といい, $n \times n$ 型行列を n 次正方行列といいます.

■ 行列の相等

行列 A, B が同じ型であって, かつその対応する成分がすべて等しいとき, 行列 A と B は等しいといい, $A=B$ と書きます.

例えば, $a=p, b=q, c=r, d=s$ ならば

$$\begin{pmatrix} a & b \\ c & d \end{pmatrix} = \begin{pmatrix} p & q \\ r & s \end{pmatrix}$$

と書き表します. 逆も成り立ちます.

行列の **行** は

$$\begin{pmatrix} 第1行 \\ 第2行 \\ 第3行 \end{pmatrix}$$

と上から数える.

行列の **列** は

$$\begin{pmatrix} 第 & 第 & 第 \\ 1 & 2 & 3 \\ 列 & 列 & 列 \end{pmatrix}$$

と左から数える.

行列を大文字 $A, B, \cdots$ などで表し, その成分を小文字 $a, b, \cdots$ で表すことが多い.
また, $m \times 1$ 行列を m 次の列ベクトル, $1 \times n$ 行列を n 次の行ベクトルという.

例題

$\begin{pmatrix} 2 & 3 \\ 1 & 4 \end{pmatrix} = \begin{pmatrix} x & 3 \\ 1 & y \end{pmatrix}$ を満たす x と y の値を求めてみましょう．

例解

$x = 2$, $y = 4$

問題 11.1

次の等式が成り立つとき，x, y の値を求めてみよう．

〔1〕 $\begin{pmatrix} -2 & 1 \\ x & y \end{pmatrix} = \begin{pmatrix} -2 & 1 \\ 3 & -3 \end{pmatrix}$

〔2〕 $\begin{pmatrix} x+y & 2 \\ x-y & 3 \end{pmatrix} = \begin{pmatrix} 3 & 2 \\ 1 & 3 \end{pmatrix}$

11.2　行列の和・差と実数倍

1 行列の和と差

行列 A, B が同じ型で，その対応する成分の和を成分とする行列を，A と B の和といい，$A + B$ と書きます．つまり，次のように定めます．

$$\begin{pmatrix} a & b \\ c & d \end{pmatrix} + \begin{pmatrix} p & q \\ r & s \end{pmatrix} = \begin{pmatrix} a+p & b+q \\ c+r & d+s \end{pmatrix}$$

同じ型の行列の和について，次の法則が成り立ちます．

1) 交換法則 —— $A + B = B + A$

2) 結合法則 —— $(A + B) + C = A + (B + C)$

成分がすべて零である行列を零行列（ゼロ行列）といい，O で表します．

Note

$$\begin{pmatrix} 0 & 0 \end{pmatrix} \quad \begin{pmatrix} 0 \\ 0 \end{pmatrix} \quad \begin{pmatrix} 0 & 0 \\ 0 & 0 \end{pmatrix}$$

などは，いずれも零行列です．

O がどの型の零行列であるかは，前後から判断します．O が A と同じ型のとき，次の等式が成り立ちます．

$A+O=A$

$O+A=A$

> ← 行列の加法と減法で，零行列 O は，数の 0 に相当している．

行列 A, B が同じ型で，その対応する成分の差を成分とする行列を A と B の差といい，$A-B$ と書きます．つまり，次のように定めます．

$$\begin{pmatrix} a & b \\ c & d \end{pmatrix} - \begin{pmatrix} p & q \\ r & s \end{pmatrix} = \begin{pmatrix} a-p & b-q \\ c-r & d-s \end{pmatrix}$$

特に

$A-A=O, \ O-B=-B$

$-B$ の成分は B のすべての成分の符号を反対にすると

$A-B=A+(-B)$

が成り立ちます．

例題

次の式を計算してみましょう．

〔1〕 $\begin{pmatrix} 2 & 3 \\ -4 & 1 \end{pmatrix} + \begin{pmatrix} 2 & 1 \\ 3 & 4 \end{pmatrix}$ 　　〔2〕 $\begin{pmatrix} -3 & 5 \\ 2 & -1 \end{pmatrix} - \begin{pmatrix} 2 & 1 \\ -2 & 3 \end{pmatrix}$

例解

〔1〕 $\begin{pmatrix} 2+2 & 3+1 \\ -4+3 & 1+4 \end{pmatrix} = \begin{pmatrix} 4 & 4 \\ -1 & 5 \end{pmatrix}$

〔2〕 $\begin{pmatrix} -3-2 & 5-1 \\ 2-(-2) & -1-3 \end{pmatrix} = \begin{pmatrix} -5 & 4 \\ 4 & -4 \end{pmatrix}$

> **問題** 11.2
>
> 次の式を計算してみよう．
>
> 〔1〕 $\begin{pmatrix} 3 & 1 \\ -2 & 3 \end{pmatrix} + \begin{pmatrix} 0 & 3 \\ 1 & -2 \end{pmatrix}$ 〔2〕 $\begin{pmatrix} 6 & -3 \\ 5 & 2 \end{pmatrix} - \begin{pmatrix} 1 & -2 \\ -3 & 4 \end{pmatrix}$

2 行列の実数倍

行列と実数 k の積を

$$k\begin{pmatrix} a & b \\ c & d \end{pmatrix} = \begin{pmatrix} ka & kb \\ kc & kd \end{pmatrix}$$

と定めます．

また，任意の行列 A に対して

$(-1)A = -A$

$0A = O$

が成り立ちます．

さらに，A, B が同じ型の行列であるとき，k, l を実数として

$kO = O$

$k(lA) = (kl)A$

$(k+l)A = kA + lA$

$k(A+B) = kA + kB$

が成り立ちます．

例題

次の式を計算してみましょう．

$2(A+2B) + 3(-A-B)$

ただし，$A = \begin{pmatrix} 2 & 3 \\ 1 & 4 \end{pmatrix}, B = \begin{pmatrix} 1 & -1 \\ 2 & -2 \end{pmatrix}$

↩ 与式を整理してから成分の計算をする．

Note

例解

$$2(A+2B)+3(-A-B) = 2A+4B-3A-3B$$
$$= -A+B$$
$$= -\begin{pmatrix} 2 & 3 \\ 1 & 4 \end{pmatrix} + \begin{pmatrix} 1 & -1 \\ 2 & -2 \end{pmatrix}$$
$$= \begin{pmatrix} -2 & -3 \\ -1 & -4 \end{pmatrix} + \begin{pmatrix} 1 & -1 \\ 2 & -2 \end{pmatrix}$$
$$= \begin{pmatrix} -2+1 & -3-1 \\ -1+2 & -4-2 \end{pmatrix}$$
$$= \begin{pmatrix} -1 & -4 \\ 1 & -6 \end{pmatrix}$$

問題 11.3

次の式を計算してみよう.
$$3(2A-3B)-2(-A-2B)$$
ただし, $A=\begin{pmatrix} 2 & 3 \\ 1 & 4 \end{pmatrix}$, $B=\begin{pmatrix} 1 & -1 \\ 2 & -2 \end{pmatrix}$

11.3 行列の積

行ベクトル $\vec{a}=(a_{11}\ \ a_{12})$ と列ベクトル $\vec{b}=\begin{pmatrix} b_{11} \\ b_{21} \end{pmatrix}$ の積を

$$(a_{11}\ \ a_{12})\begin{pmatrix} b_{11} \\ b_{21} \end{pmatrix} = a_{11}\times b_{11} + a_{12}\times b_{21}$$

と定義します.

これをもとにして, 行列の積は

- $\begin{pmatrix} a_{11} \\ a_{21} \end{pmatrix}(b_{11}\ \ b_{12}) = \begin{pmatrix} a_{11}\times b_{11} & a_{11}\times b_{12} \\ a_{21}\times b_{11} & a_{21}\times b_{12} \end{pmatrix}$

- $\begin{pmatrix} a_{11} & a_{12} \\ a_{21} & a_{22} \end{pmatrix}\begin{pmatrix} b_{11} \\ b_{21} \end{pmatrix} = \begin{pmatrix} a_{11}\times b_{11} + a_{12}\times b_{21} \\ a_{21}\times b_{11} + a_{22}\times b_{21} \end{pmatrix}$

行列の積のつくり方

左側行列は行単位ごとに, 右側行列は列単位ごとに, 成分を対応順に掛け総和をとる.

$$\begin{pmatrix} \cdot & \cdot & \cdot \\ \text{第}\ i\ \text{行} \\ \cdot & \cdot & \cdot \end{pmatrix}\begin{pmatrix} \cdot & \text{第} & \cdot \\ \cdot & j & \cdot \\ \cdot & \text{列} & \cdot \end{pmatrix}$$

$$=\begin{pmatrix} \cdot & \cdot & \cdot \\ \cdot & (i,j)\text{成分} & \cdot \\ \cdot & \cdot & \cdot \end{pmatrix}$$

第 i 行と第 j 列を対応順に掛けた総和が, 新しい行列の (i,j) 成分.

第11章 行列

- $(a_{11} \quad a_{12})\begin{pmatrix} b_{11} & b_{12} \\ b_{21} & b_{22} \end{pmatrix}$
  $= (a_{11} \times b_{11} + a_{12} \times b_{21} \quad a_{11} \times b_{12} + a_{12} \times b_{22})$

- $\begin{pmatrix} a_{11} & a_{12} \\ a_{21} & a_{22} \end{pmatrix}\begin{pmatrix} b_{11} & b_{12} \\ b_{21} & b_{22} \end{pmatrix}$
  $= \begin{pmatrix} a_{11} \times b_{11} + a_{12} \times b_{21} & a_{11} \times b_{12} + a_{12} \times b_{22} \\ a_{21} \times b_{11} + a_{22} \times b_{21} & a_{21} \times b_{12} + a_{22} \times b_{22} \end{pmatrix}$

と定義されます．

一般に，行列 A, B の積は，A の列の数と B の行の数が等しいときに限り定義することができます．

↰ $\begin{pmatrix} 2 \\ 3 \end{pmatrix}\begin{pmatrix} 1 & 3 \\ 2 & 4 \end{pmatrix}$, $\begin{pmatrix} 1 & 3 \\ 2 & 4 \end{pmatrix}(2 \quad 3)$
などの行列の積は定義できない．

例題

$A = \begin{pmatrix} 3 & 2 \\ 1 & -1 \end{pmatrix}$, $B = \begin{pmatrix} 3 \\ 4 \end{pmatrix}$, $C = \begin{pmatrix} 1 & 0 \\ -2 & 1 \end{pmatrix}$ のとき，次の行列の積の計算は可能か．可能ならば計算してみましょう．

〔1〕AB

〔2〕BC

〔3〕AC

〔4〕CA

↰ (k, m) 行列と (m, n) 行列の積の結果は (k, n) 行列．

$$\underbrace{(k \times m)\text{型} \times (m \times n)}_{\text{一致}}\text{型} = (k, n)\text{型}$$

例解

〔1〕2 行 2 列の行列と 2 行 1 列の行列の積だから，計算可能です．
$$\begin{pmatrix} 3 & 2 \\ 1 & -1 \end{pmatrix}\begin{pmatrix} 3 \\ 4 \end{pmatrix} = \begin{pmatrix} 3 \times 3 + 2 \times 4 \\ 1 \times 3 + (-1) \times 4 \end{pmatrix} = \begin{pmatrix} 17 \\ -1 \end{pmatrix}$$

〔2〕2 行 1 列の行列と 2 行 2 列の行列の積だから，計算不可能です．

〔3〕2 行 2 列の行列と 2 行 2 列の行列の積だから，計算可能です．

↰ 一般に，2 つの行列 A, B の積において $AB \neq BA$ となる．つまり，数式の乗法とは異なり，行列の乗法では交換の法則が成り立たない．

Note

$$\begin{pmatrix} 3 & 2 \\ 1 & -1 \end{pmatrix} \begin{pmatrix} 1 & 0 \\ -2 & 1 \end{pmatrix}$$
$$= \begin{pmatrix} 3\times 1 + 2\times(-2) & 3\times 0 + 2\times 1 \\ 1\times 1 + (-1)\times(-2) & 1\times 0 + (-1)\times 1 \end{pmatrix}$$
$$= \begin{pmatrix} -1 & 2 \\ 3 & -1 \end{pmatrix}$$

〔4〕2 行 2 列の行列と 2 行 2 列の行列の積だから，計算可能です．

$$\begin{pmatrix} 1 & 0 \\ -2 & 1 \end{pmatrix} \begin{pmatrix} 3 & 2 \\ 1 & -1 \end{pmatrix}$$
$$= \begin{pmatrix} 1\times 3 + 0\times 1 & 1\times 2 + 0\times(-1) \\ (-2)\times 3 + 1\times 1 & (-2)\times 2 + 1\times(-1) \end{pmatrix}$$
$$= \begin{pmatrix} 3 & 2 \\ -5 & -5 \end{pmatrix}$$

行列の乗法
1) 結合法則
$$(kA)B = A(kB) = k(AB)$$
ただし，k は実数．
$$(AB)C = A(BC)$$
2) 分配法則
$$(A+B)C = AC + BC$$
$$A(B+C) = AB + AC$$
$$AO = O,\ OA = O$$
ただし，A と O は同じ型の行列．

問題 11.4

$A = \begin{pmatrix} 2 & 4 \\ 3 & 0 \end{pmatrix}$, $B = \begin{pmatrix} -3 \\ 2 \end{pmatrix}$, $C = \begin{pmatrix} 0 & 1 \\ 1 & 2 \end{pmatrix}$ のとき，次の行列の積の計算は可能か．可能ならば計算してみよう．

〔1〕AB 〔2〕ABC

■ 単位行列

行列の左上から右下への対角線上の成分が，すべて 1 の正方行列を**単位行列**といい，E で表します．

2 次正方行列のとき，単位行列は

$$E = \begin{pmatrix} 1 & 0 \\ 0 & 1 \end{pmatrix}$$

と書きます．単位行列 E には以下の性質があります．

↩ E は elementary の頭文字．

第11章 行列

行列 A と E が同じ型の行列のとき

$$AE = EA = A$$

なお，数の乗法では，$ab=0$ ならば $a=0$ または $b=0$ が成り立ちますが，行列の乗法では，一般に成り立ちません．

$A = \begin{pmatrix} 2 & 1 \\ 4 & 2 \end{pmatrix}$, $B = \begin{pmatrix} 1 & -2 \\ -2 & 4 \end{pmatrix}$ のとき

$AB = \begin{pmatrix} 0 & 0 \\ 0 & 0 \end{pmatrix}$

となり，$A \neq O$ かつ $B \neq O$ であっても，$AB = O$ となることがあります．

例題

行列 $A = \begin{pmatrix} 2 & 3 \\ -1 & 1 \end{pmatrix}$ のとき，A^2, A^3 を求めてみましょう．

例解

$$A^2 = \begin{pmatrix} 2 & 3 \\ -1 & 1 \end{pmatrix} \begin{pmatrix} 2 & 3 \\ -1 & 1 \end{pmatrix}$$

$$= \begin{pmatrix} 2\times 2 + 3\times(-1) & 2\times 3 + 3\times 1 \\ (-1)\times 2 + 1\times(-1) & (-1)\times 3 + 1\times 1 \end{pmatrix}$$

$$= \begin{pmatrix} 1 & 9 \\ -3 & -2 \end{pmatrix}$$

$$A^3 = A^2 A = \begin{pmatrix} 1 & 9 \\ -3 & -2 \end{pmatrix} \begin{pmatrix} 2 & 3 \\ -1 & 1 \end{pmatrix}$$

$$= \begin{pmatrix} 1\times 2 + 9\times(-1) & 1\times 3 + 9\times 1 \\ (-3)\times 2 + (-2)\times(-1) & (-3)\times 3 + (-2)\times 1 \end{pmatrix}$$

$$= \begin{pmatrix} -7 & 12 \\ -4 & -11 \end{pmatrix}$$

○ 正方行列の累乗 AA や AAA などを簡単に A^2, A^3 と書き，"行列 A の2乗，3乗" と読む．

Note

> **問題** 11.5
>
> 行列 $A = \begin{pmatrix} 1 & 2 \\ 3 & -4 \end{pmatrix}$ のとき，A^2, A^3 を求めてみよう．

例題

次の等式が成り立つように，成分 a, b, c, d の値を求めてみましょう．

$$\begin{pmatrix} 1 & 2 \\ 4 & 5 \end{pmatrix} \begin{pmatrix} a & 4 \\ b & -2 \end{pmatrix} = \begin{pmatrix} -1 & c \\ 2 & d \end{pmatrix}$$

例解

左辺を計算し，次のように書き直します．

$$\begin{pmatrix} a+2b & 0 \\ 4a+5b & 6 \end{pmatrix} = \begin{pmatrix} -1 & c \\ 2 & d \end{pmatrix}$$

これより

$a + 2b = -1$
$0 = c$
$4a + 5b = 2$
$6 = d$

よって

$a = 3, \ b = -2, \ c = 0, \ d = 6$

> **問題** 11.6
>
> 次の等式が成り立つように，成分 a, b, c, d の値を求めてみよう．
>
> $$\begin{pmatrix} 1 & 2 \\ 4 & 5 \end{pmatrix} \begin{pmatrix} 4 & a \\ -2 & b \end{pmatrix} = \begin{pmatrix} c & -1 \\ d & 2 \end{pmatrix}$$

11.4 逆行列

正方行列 A について

$$AX = XA = E$$

を満たす正方行列 X が存在するとき，X を A の逆行列といい，A^{-1} と書きます．

$$A = \begin{pmatrix} 1 & -3 \\ -2 & 7 \end{pmatrix}, \ X = \begin{pmatrix} 7 & 3 \\ 2 & 1 \end{pmatrix}$$

とすると

$$AX = \begin{pmatrix} 1 & -3 \\ -2 & 7 \end{pmatrix}\begin{pmatrix} 7 & 3 \\ 2 & 1 \end{pmatrix} = \begin{pmatrix} 1 & 0 \\ 0 & 1 \end{pmatrix}$$

$$XA = \begin{pmatrix} 7 & 3 \\ 2 & 1 \end{pmatrix}\begin{pmatrix} 1 & -3 \\ -2 & 7 \end{pmatrix} = \begin{pmatrix} 1 & 0 \\ 0 & 1 \end{pmatrix}$$

であるから，$\begin{pmatrix} 7 & 3 \\ 2 & 1 \end{pmatrix}$ は $\begin{pmatrix} 1 & -3 \\ -2 & 7 \end{pmatrix}$ の逆行列です．

一般に，$X = \begin{pmatrix} p & q \\ r & s \end{pmatrix}$ が $A = \begin{pmatrix} a & b \\ c & d \end{pmatrix}$ の逆行列であるとすると，定義式

$$AX = E$$

において

$$\begin{pmatrix} a & b \\ c & d \end{pmatrix}\begin{pmatrix} p & q \\ r & s \end{pmatrix} = \begin{pmatrix} ap+br & aq+bs \\ cp+dr & cq+ds \end{pmatrix} = \begin{pmatrix} 1 & 0 \\ 0 & 1 \end{pmatrix}$$

であるから

$$\begin{cases} ap+br=1 \\ aq+bs=0 \\ cp+dr=0 \\ cq+ds=1 \end{cases}$$

これを，$ad-bc \neq 0$ として p, q, r, s について解くと

$$p = \frac{d}{ad-bc}, \ q = \frac{-b}{ad-bc}, \ r = \frac{-c}{ad-bc}, \ s = \frac{a}{ad-bc}$$

⊖ A^{-1} を "A インバース" と読む．

⊖ a が零でない数のとき，その数の逆数 a^{-1} について

$$aa^{-1} = a^{-1}a = 1$$

が成り立つ．行列における逆行列は数の逆数に相当する．

⊖ E は単位行列．

⊖ 行列 $\begin{pmatrix} a & b \\ c & d \end{pmatrix}$ の逆行列を

$$\begin{pmatrix} a & b \\ c & d \end{pmatrix}^{-1}$$

とも書き表す．

Note

⚠ 誤 $A^{-1} = \dfrac{1}{A}$

よって

$$X = \begin{pmatrix} p & q \\ r & s \end{pmatrix} = \begin{pmatrix} \dfrac{d}{ad-bc} & \dfrac{-b}{ad-bc} \\ \dfrac{-c}{ad-bc} & \dfrac{a}{ad-bc} \end{pmatrix} = \dfrac{1}{ad-bc}\begin{pmatrix} d & -b \\ -c & a \end{pmatrix}$$

この X は

$AX = E$ かつ $XA = E$

を満たすから，X は A の逆行列になります．

次に，$ad - bc = 0$ のとき

$a = b = c = d = 0$

となるから

$ap + br = 1, \ cq + ds = 1$

に矛盾し，$ad - bc = 0$ のときは，A の逆行列は存在しないことになります．

以上のことを，$ad - bc$ が行列式 $\begin{vmatrix} a & b \\ c & d \end{vmatrix}$ の値 $|A|$ であることを考慮して，$A = \begin{pmatrix} a & b \\ c & d \end{pmatrix}$ の逆行列についてまとめると

- $|A| \neq 0$ のとき，逆行列は存在し

$$A^{-1} = \dfrac{1}{|A|}\begin{pmatrix} d & -b \\ -c & a \end{pmatrix}$$

- $|A| = 0$ のとき，逆行列は存在しない

⊖ $\det A$ とも書く．$\det$ は行列式（determinant）の略．

逆行列のつくり方

$$\begin{pmatrix} a & b \\ c & d \end{pmatrix}^{-1} = \dfrac{1}{\begin{vmatrix} a & b \\ c & d \end{vmatrix}}\begin{pmatrix} d & -b \\ -c & a \end{pmatrix}$$

1. 左上から右下の対角線上の成分を入れ替える．
2. 他の成分は符号だけを反対に変える．
3. 与えられた行列からの行列式で割る．

例題

次の行列の逆行列は存在するか．存在するならば，それを求めてみましょう．

〔1〕 $A = \begin{pmatrix} 2 & 6 \\ 1 & 3 \end{pmatrix}$　　〔2〕 $B = \begin{pmatrix} 2 & 2 \\ 3 & 4 \end{pmatrix}$

第11章 行列

例解

〔1〕 行列式 $|A| = \begin{vmatrix} 2 & 6 \\ 1 & 3 \end{vmatrix}$ を求めると,$2\times 3 - 6\times 1 = 0$ であるから,A の逆行列は存在しません.

〔2〕 行列式は $|B| = \begin{vmatrix} 2 & 2 \\ 3 & 4 \end{vmatrix} = 2\times 4 - 2\times 3 = 2 \neq 0$ であるから,B の逆行列は存在し

$$B^{-1} = \frac{1}{\begin{vmatrix} 2 & 2 \\ 3 & 4 \end{vmatrix}} \begin{pmatrix} 4 & -2 \\ -3 & 2 \end{pmatrix} = \begin{pmatrix} 2 & -1 \\ -\frac{3}{2} & 1 \end{pmatrix}$$

問題 11.7

次の行列の逆行列は存在するか.存在するならば,それを求めてみよう.

〔1〕 $A = \begin{pmatrix} 6 & 2 \\ 3 & 1 \end{pmatrix}$ 〔2〕 $B = \begin{pmatrix} 4 & 1 \\ -1 & 5 \end{pmatrix}$

例題

行列 $\begin{pmatrix} k & k+4 \\ 2 & k \end{pmatrix}$ が逆行列をもたないとき,k の値を求めてみましょう.

例解

行列式を $\varDelta$ とおくと

$$\varDelta = \begin{vmatrix} k & k+4 \\ 2 & k \end{vmatrix} = k^2 - 2k - 8 = (k-4)(k+2)$$

逆行列が存在しないためには,$\varDelta = 0$ であればよいから

$k = -2$ または 4

↰ $(k-4)(k+2) = 0$

Note

> **問題** 11.8
> 行列 $\begin{pmatrix} k-1 & 4 \\ 3 & k-2 \end{pmatrix}$ が逆行列をもたないとき，k の値を求めてみよう．

11.5 行列の応用

1 連立1次方程式

連立1次方程式
$$\begin{cases} ax+by=p \\ cx+dy=q \end{cases}$$
は，行列を用いると
$$\begin{pmatrix} a & b \\ c & d \end{pmatrix} \begin{pmatrix} x \\ y \end{pmatrix} = \begin{pmatrix} p \\ q \end{pmatrix}$$
と表すことができます．ここで
$$A = \begin{pmatrix} a & b \\ c & d \end{pmatrix},\ X = \begin{pmatrix} x \\ y \end{pmatrix},\ P = \begin{pmatrix} p \\ q \end{pmatrix}$$
とおくと，この方程式は次の形で表されます．

$AX = P$

A が逆行列 A^{-1} をもつとき，この両辺に左から A^{-1} を掛けると

左辺 $= A^{-1}(AX) = (A^{-1}A)X = EX = X$
右辺 $= A^{-1}P$

ゆえに

$X = A^{-1}P$

逆に，この X は方程式 $AX = P$ を満たします．

第11章 行列

例題

次の連立1次方程式を，行列を用いて解いてみましょう．
$$\begin{cases} 3x+2y=4 \\ 7x+6y=2 \end{cases}$$

例解

連立方程式を行列で表すと
$$\begin{pmatrix} 3 & 2 \\ 7 & 6 \end{pmatrix}\begin{pmatrix} x \\ y \end{pmatrix} = \begin{pmatrix} 4 \\ 2 \end{pmatrix}$$

行列 $\begin{pmatrix} 3 & 2 \\ 7 & 6 \end{pmatrix}$ の逆行列は $\dfrac{1}{4}\begin{pmatrix} 6 & -2 \\ -7 & 3 \end{pmatrix}$ です．

この行列を上式の両辺に左から掛けて
$$\begin{pmatrix} x \\ y \end{pmatrix} = \frac{1}{4}\begin{pmatrix} 6 & -2 \\ -7 & 3 \end{pmatrix}\begin{pmatrix} 4 \\ 2 \end{pmatrix} = \frac{1}{4}\begin{pmatrix} 20 \\ -22 \end{pmatrix} = \begin{pmatrix} 5 \\ -\dfrac{11}{2} \end{pmatrix}$$

よって
$$x=5,\ y=-\frac{11}{2}$$

↪ $\begin{pmatrix} 3 & 2 \\ 7 & 6 \end{pmatrix}^{-1} = \dfrac{1}{\begin{vmatrix} 3 & 2 \\ 7 & 6 \end{vmatrix}}\begin{pmatrix} 6 & -2 \\ -7 & 3 \end{pmatrix}$

問題 11.9

次の連立1次方程式を，行列を用いて解いてみよう．
$$\begin{cases} 5x+3y=7 \\ 2x+y=3 \end{cases}$$

2 1次変換

一般に，集合 X のおのおのの要素 x に，集合 Y のただ1つの要素 y が対応するとき，この対応を X から Y への写像といい，特に X から X への写像を変換といいます．

座標平面上の点 P (x, y) が，ある変換 f によって点 Q

Note

(x', y') に移るとき，これを

$$f: \mathrm{P} \to \mathrm{Q}$$

のように表し，点 Q を f による点 P の像といいます．

このとき，f を定義するには x', y' を x, y で表す式

$$\begin{cases} x' = g(x, y) \\ y' = h(x, y) \end{cases}$$

が与えられる場合が多く，特に変換 f が

$$\begin{cases} x' = ax + by \\ y' = cx + dy \end{cases} \quad (a, b, c, d \text{ は定数})$$

のように，x', y' がそれぞれ定数項のない x, y の 1 次式で表されるとき，この変換 f を 1 次変換といいます．

上式を行列で表現すると

$$\begin{pmatrix} x' \\ y' \end{pmatrix} = \begin{pmatrix} a & b \\ c & d \end{pmatrix} \begin{pmatrix} x \\ y \end{pmatrix}$$

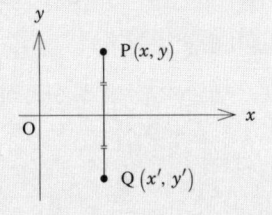

と書くことができ，1 次変換は行列 $\begin{pmatrix} a & b \\ c & d \end{pmatrix}$ によって定まるから，行列 $\begin{pmatrix} a & b \\ c & d \end{pmatrix}$ を，1 次変換 f を表す行列といいます．

例題

点 $(2, 1)$，$(3, 2)$ をそれぞれ $(5, -2)$，$(7, 1)$ に移す 1 次変換を表す行列 A を求めてみましょう．

例解

1 次変換の式を

$$\begin{cases} x' = ax + by \\ y' = cx + dy \end{cases}$$

とすると，点 $(2, 1)$ は点 $(5, -2)$ に，点 $(3, 2)$ は点 $(7, 1)$

簡単な1次変換の例

x 軸に関する対称移動 ── 点 P $(x, y) \to$ 点 Q (x', y')

$$\begin{cases} x' = x \\ y' = -y \end{cases}$$

行列で表現すると

$$\begin{pmatrix} x' \\ y' \end{pmatrix} = \begin{pmatrix} 1 & 0 \\ 0 & -1 \end{pmatrix} \begin{pmatrix} x \\ y \end{pmatrix}$$

に移るから

$$\begin{cases} 5=2a+b \\ -2=2c+d \\ 7=3a+2b \\ 1=3c+2d \end{cases}$$

が成り立ちます.

　これらの式から a, b, c, d を求めると

　　$a=3,\ b=-1,\ c=-5,\ d=8$

となります.

　したがって，求める行列 A は

$$A=\begin{pmatrix} 3 & -1 \\ -5 & 8 \end{pmatrix}$$

になります.

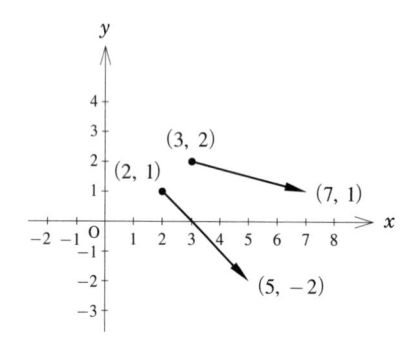

⇦ $\begin{pmatrix} a & b \\ c & d \end{pmatrix}\begin{pmatrix} 2 \\ 1 \end{pmatrix}=\begin{pmatrix} 5 \\ -2 \end{pmatrix}$

　$\begin{pmatrix} a & b \\ c & d \end{pmatrix}\begin{pmatrix} 3 \\ 2 \end{pmatrix}=\begin{pmatrix} 7 \\ 1 \end{pmatrix}$

Note

第12章

統計処理

12.1 度数分布とヒストグラム

多数のデータの羅列をそのまま眺めていても，全体の傾向はなかなか見えてきません．

そこで，統計では，データの傾向や集団的な特徴をとらえやすくするために

- 度数分布表（表にまとめる）
- ヒストグラム（視覚化，すなわちグラフ化する）

などを用いて，整理することがよくあります．

下の数値は大手企業の人事担当部長の年齢データの一部です．

```
45 47 52 53 57 59 62 48 51 54 54 63
53 57 59 55 65 61 60 58 42 47 52 49
53 54 59 58 44 46 41 48 49 48
```

年齢を 5 歳の区間に分け，各区間に属する人数を調べて度数分布表を作成し，ヒストグラムをつくってみましょう．

区間のことを**階級**といい，階級の中央の値を**階級値** (x)，それぞれの階級に属する個数を**度数** (f) といいます．

■ 度数分布表

以下の手順を踏んで度数分布表を作成してみましょう．

Step 1 下の表を参考にして，階級の個数 k を決めます．ここでは，データの総数が 34 なので，$k=5$ とします．

データの個数	30～50	50～100
階級の個数 k	5～7	7～10

Step 2 階級の幅 h を決めます．データの中で，(最大値 − 最小値) を求め，これを階級の個数 $k=5$ で割って，切り上げた整数値を用います．

このデータでは $65-41=24$ ですから，階級の幅は $h=\dfrac{24}{5}=4.8$ となりますが，これを切り上げて $h=5$ とします．

Step 3 階級の境界値を決めます．最初の階級の境界値は，すべてのデータが整数のときは，測定単位は 1 として，最小値 $-\dfrac{測定単位}{2}$ で決定します．

このデータの最小値は 41 ですから，$41-\dfrac{1}{2}=40.5$ とします．

40.5 の値が決まれば，データの最大値 (65) を含むまで，階級の幅 $h=5$ を次々に加算して，各階級の境界値を決定します．

階　級	階級値 x	度数 f
以上　　未満		
40.5～45.5	43.0	4
45.5～50.5	48.0	8
50.5～55.5	53.0	10
55.5～60.5	58.0	8
60.5～65.5	63.0	4

⬅ すべてのデータが小数第 1 位（例えば 12.5, 2.3）のときは，測定単位は 0.1．

⬅ "度数 f" の f は「度数」を意味する英語 frequency の頭文字．

Note

■ ヒストグラム

ヒストグラムは度数分布を表すグラフです．横軸に階級をとり，縦軸に各階級の度数をとります．つまり，図のように，長方形を各階級の上につくります．

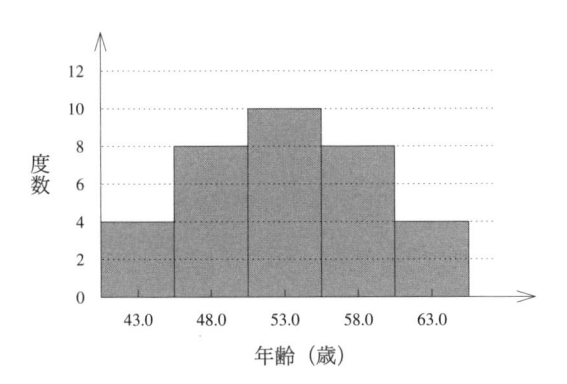

⬅ ヒストグラム（histogram）は柱状グラフともいう．

棒グラフはその高さ（長さ）だけで数値を表しますが，ヒストグラムでは各階級の度数を長方形の面積で表します．

⬅ ヒストグラムで表されている棒の高さは
　　棒の高さ＝柱の面積÷柱の幅
になっているから，分布の姿態が正規分布と比較できる．

例題

下の数値は，2003 年サッカー J1 リーグの選手の推定年収（単位：百万円）の一部です．度数分布表を作成し，ヒストグラムを描いてみましょう．

```
50 10 60 47 10 60 18 48 23 45 72 22
45 81 60 81 50 48 50 35 48 32 60 25
85 28 47 48 49 34 72 65
```

例解

1. データの総数は 32 ですから，階級の個数を $k=6$ とします．

2. データの中で，（最大値 − 最小値）を求めて，階級

の幅 h を決めます．

$$(85-10) = 75$$

$$h = \frac{75}{6} = 12.5$$

になるので，切り上げて $h = 13$ とします．

3. 最初の階級の境界値を決めます．最小値は 10 です．またデータが整数であることから測定単位を 1 として，$10 - \frac{1}{2} = 9.5$ となります．

各階級の境界値は，階級の幅 $h = 13$ を次々に加算して決めます．

度数分布表を作成すると，次のようになります．

階　級	階級値 x_i	度数 f_i
以上　　未満		
9.5 〜 22.5	16	5
22.5 〜 35.5	29	4
35.5 〜 48.5	42	7
48.5 〜 61.5	55	9
61.5 〜 74.5	68	4
74.5 〜 87.5	81	3

4. 度数分布表からヒストグラムを描くと，次のようになります．

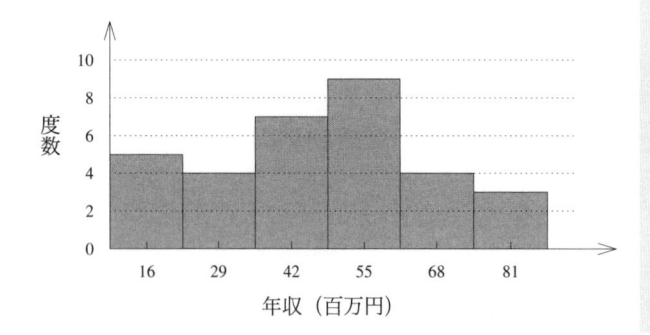

Note

> **問題** 12.1
>
> 下の数値は，サッカー J1 リーグのあるチームに所属する 27 人の身長（単位：cm）です．度数分布表を作成し，ヒストグラムを描いてみよう．
>
> | | | | | | | | | |
> |---|---|---|---|---|---|---|---|---|
> | 182 | 166 | 175 | 168 | 181 | 178 | 173 | 177 | 168 |
> | 183 | 168 | 164 | 174 | 160 | 173 | 166 | 171 | 165 |
> | 184 | 185 | 162 | 166 | 171 | 166 | 178 | 180 | 173 |

12.2 代表値

データ全体の特徴を 1 つの数値によって表すことを考えるとき，データ全体を代表する値として，平均値（$\bar{x}$），中央値（Me），最頻値（Mo）などが用いられます．

■ 平均値（$\bar{x}$：算術平均または相加平均）

平均値は全体の数値を過不足なく分配し，均一にしたとき得られる 1 個の値と定義して，次のように計算します．

$$\text{平均値} = \frac{\text{データの総合計}}{\text{全体の個数}}$$

また，同質のデータが n 個ある場合を $x_1, x_2, x_3, \cdots, x_n$ とし，平均値を記号 $\bar{x}$ で表すと

$$\bar{x} = \frac{1}{n}(x_1 + x_2 + x_3 + \cdots + x_n)$$

となります．

このようにして求めた平均値を**算術平均**または**相加平均**といいます．

↶ $\bar{x}$ は "x バー" と読む．

> **例**
> 5人のテストの点数が 11, 22, 33, 44, 55 と与えられている場合，平均値 $\bar{x}$ は
> $$\bar{x} = \frac{1}{5}(11+22+33+44+55) = \frac{1}{5} \times 165 = 33 \quad [点]$$

データ x_i	x_1	x_2	x_3	$\cdots$	x_n
度数 f_i	f_1	f_2	f_3	$\cdots$	f_n

のようにデータ x_i に度数 f_i が与えられている場合は

$$\text{データの総合計} = x_1 f_1 + x_2 f_2 + x_3 f_3 + \cdots + x_n f_n = \sum_{i=1}^{n} x_i f_i$$

を求め，総数 N で割ります．

☞ 記号 $\sum$ の意味と計算法は，p.71 を参照．

$$N = f_1 + f_2 + f_3 + \cdots + f_n = \sum_{i=1}^{n} f_i$$

$$\bar{x} = \frac{1}{N}(x_1 f_1 + x_2 f_2 + x_3 f_3 + \cdots + x_n f_n)$$

$$= \frac{1}{N} \sum_{i=1}^{n} x_i f_i$$

このように重み（度数）を考えた平均を**加重平均**といいます．

⬅ 加重平均のことを重みつき平均ということもある．

> **例**
> テストの点数とその点数をとった人数が
>
> | 点数 x_i | 45 | 55 | 65 | 75 | 85 | 95 |
> |---|---|---|---|---|---|---|
> | 人数 f_i | 4 | 6 | 8 | 6 | 4 | 2 |
>
> のように与えられている場合，加重平均を求めると
> $$\text{データの総合計} = 45 \times 4 + 55 \times 6 + 65 \times 8$$
> $$+ 75 \times 6 + 85 \times 4 + 95 \times 2 = 2010$$
> となり，総人数 $N = 30$ 人より
> $$\bar{x} = \frac{1}{30} \times 2010 = 67 \quad [点]$$

Note

例題

次の度数分布表より平均値 $\bar{x}$ を求めてみましょう．

階　級	度数 f_i
以上　　未満	
40.5 ～ 45.5	4
45.5 ～ 50.5	8
50.5 ～ 55.5	10
55.5 ～ 60.5	8
60.5 ～ 65.5	4

例解 1

次のように階級値（階級の中央の値）を求め，合計を計算します．

階　級	度数 f_i	階級値 x_i	$x_i f_i$
以上　　未満			
40.5 ～ 45.5	4	43.0	172.0
45.5 ～ 50.5	8	48.0	384.0
50.5 ～ 55.5	10	53.0	530.0
55.5 ～ 60.5	8	58.0	464.0
60.5 ～ 65.5	4	63.0	252.0
合計	34		1802.0

総合計を求めます．

$$\sum_{i=1}^{5} x_i f_i = x_1 f_1 + x_2 f_2 + x_3 f_3 + x_4 f_4 + x_5 f_5$$
$$= 4 \times 43.0 + 8 \times 48.0 + 10 \times 53.0 + 8 \times 58.0 + 4 \times 63.0$$
$$= 1802.0$$

よって

$$\bar{x} = \frac{1802.0}{34} = 53.0$$

例解 2

階級のほぼ中央の階級値である値（$a=53.0$）を仮の平均値として計算します．

まず，階級値を変換した値 u_i

$$u_i = \frac{x_i - a}{h}$$

を求めます．ただし，階級の幅 h は 5 になります．

次に u_i の平均 $\bar{u}$ を求めるために，次のような表を作成します．

階 級	度数 f_i	階級値 x_i	u_i	$u_i f_i$
以上　　未満				
40.5 〜 45.5	4	43.0	-2	-8
45.5 〜 50.5	8	48.0	-1	-8
50.5 〜 55.5	10	53.0	0	0
55.5 〜 60.5	8	58.0	$+1$	8
60.5 〜 65.5	4	63.0	$+2$	8
合計	34			0

$x_i = a + h \times u_i = 53.0 + 5 \times u_i$ から

$$\bar{x} = 53.0 + 5 \times \bar{u}$$

となります．

$$\bar{u} = \frac{1}{34} \sum_{i=1}^{5} u_i f_i = 0$$

となり，平均値 $\bar{x}$ は次のように計算されます．

$$\bar{x} = 53.0 + 5 \times \bar{u} = 53.0 + 5 \times 0$$
$$= 53.0 + 0 = 53.0$$

↶ 手計算で平均値を求めるときの簡便法．

↶ $\bar{x} = \frac{1}{34} \sum_{i=1}^{5} x_i f_i$
$= \frac{1}{34} \sum_{i=1}^{5} (a + h \times u_i) f_i$
$= a \cdot \frac{1}{34} \sum_{i=1}^{5} f_i + h \times \bar{u}$
$= a + h \times \bar{u}$

Note

問題 12.2

右の度数分布表より，平均値 $\bar{x}$ を求めてみよう．

階　級	度　数
以上　　未満	
9.5 〜 22.5	5
22.5 〜 35.5	4
35.5 〜 48.5	7
48.5 〜 61.5	9
61.5 〜 74.5	4
74.5 〜 87.5	3

一般に平均値という場合には，算術平均（相加平均）のことを意味しているが，データの種類によっては**幾何平均**，調和平均などが用いられます．

幾何平均は，物価の値上がり率や人口の増加率などの平均値を求める場合に使われます．

n 個の正の数 $a_1, a_2, \cdots, a_n$ があるとき，これら全部の積の n 乗根，すなわち

$$G = \sqrt[n]{a_1 a_2 \cdots a_n}$$

をその**幾何平均**といいます．

← 相乗平均ともいう．

← G は「幾何平均」を意味する英語 geometric mean の頭文字．

例題

あるコンビニエンスストアの店舗数の増加率（対前年比）は次のようになっています．店舗数の増加率は年平均何％と見たらよいでしょう．

　　1.17　1.22　1.30　1.26　1.30　1.26　1.16　1.22

例解

幾何平均 G は

$$G = \sqrt[8]{1.17 \times 1.22 \times 1.30 \times 1.26 \times 1.30 \times 1.26 \times 1.16 \times 1.22}$$

と書けますから，ここで，両辺の対数（常用対数）をとると

$$\log G = \frac{1}{8}(\log 1.17 + \log 1.22 + \log 1.30 + \log 1.26$$
$$+ \log 1.30 + \log 1.26 + \log 1.16 + \log 1.22)$$
$$= \frac{1}{8} \times (0.73) = 0.09125$$

$\log_{10} G = 0.09125$

∴ $G = 10^{0.09125} \fallingdotseq 1.23$

よって，店舗数の増加率は年平均 23％ となります．

☞ 対数計算は，p.14 を参照．

問題 12.3

ある株価の前日に対する倍率（4日分）は次のようになりました．これより平均倍率を求めてみよう．

  1.02 1.01 1.04 1.03

調和平均は，速度の平均や，単位価格に対する商品量の平均などを求める場合に使われます．

n 個の正の数 $a_1, a_2, \cdots, a_n$ について**調和平均**は

$$H = \frac{n}{\left(\dfrac{1}{a_1} + \dfrac{1}{a_2} + \dfrac{1}{a_3} + \cdots + \dfrac{1}{a_n}\right)}$$

で定義されます．

⊖ 時速 40 km と時速 60 km の調和平均をとると
$$\frac{2}{\left(\dfrac{1}{40} + \dfrac{1}{60}\right)} = 48 \ [\text{km/h}]$$
となり，距離には無関係となる．

⊖ H は「調和平均」を意味する英語 harmonic mean の頭文字．

例題

区間 120 km を車で往復するのに，行きは時速 80 km，帰りは時速 60 km で走行したとき，平均時速は何 km になるかを調べてみましょう．

例解

往復に要した時間は $\left(\dfrac{120}{80} + \dfrac{120}{60}\right)$ 時間です．よって，平均時速は次のようになります．

Note

$$H = \frac{2 \times 120}{\left(\frac{120}{80} + \frac{120}{60}\right)} = \frac{2}{\left(\frac{1}{80} + \frac{1}{60}\right)} = \frac{2 \times 240}{(3+4)} \fallingdotseq 68.6 \ [\text{km/h}]$$

> **問題 12.4**
>
> ある工場では，A と B の 2 種類の機械で部品の加工を行っています．A の機械では部品 1 個の加工にかかる時間は 4 分，B の機械では 2 分かかるとき，1 個当たりの平均加工時間（分）はいくらになるか求めてみよう．

■ 中央値（Median：Me）

平均値は極端な値に影響されやすいので，データ全体の代表値として必ずしも最良のものではありません．例えばサラリーマンにとって，自分の給料が他の人に比べて多いのか少ないのかは気になるところです．平均値が大多数を代表していないとすると，何を基準にしたらよいのでしょうか．

このようなとき，少ない（多い）金額から順に並べ，ちょうど真ん中に位置する金額を代表値とします．つまり，中央の値をとります．

データ x_i を大きい順（小さい順）に並べたとき，ちょうど中央にくる値を中央値またはメジアンといい，記号 Me で表します．

データの総数 n が奇数か偶数かにより，中央値 Me の求め方は異なります．

- 奇数個のときは，$\left(\frac{n+1}{2}\right)$ 番目の値
- 偶数個のときは，$\frac{n}{2}$ 番目の値と $\left(\frac{n}{2}+1\right)$ 番目の値の平均値

算術平均，幾何平均，調和平均の大小関係

$a, b \geqq 0$ のとき

$$\frac{a+b}{2} \geqq \sqrt[3]{ab} \geqq \frac{2}{\frac{1}{a}+\frac{1}{b}} = \frac{2ab}{a+b}$$

ただし，等号は $a = b = c$ のときに限る．

↩ {6, 8, 12, $\boxed{14}$, 16, 26, 30} の中央値は 14.

↩ {6, 8, 8, 12, 14, 16, 26, 30} の中央値は $\frac{12+14}{2} = 13$.

■ 最頻値（Mode：Mo）

データ全体の中で最大の度数を示す値を，代表値とします．これを**最頻値**または**モード**といい，記号 Mo で表します．

> **例**
> 13 人のグループで旅行の計画を立て，目的地の希望を聞いたら次のようになりました．
>
> 沖縄 —— 4 人　広島 —— 2 人　京都 —— 3 人
> 東京 —— 1 人　北海道 —— 3 人
>
> この結果から，多数決で旅行の目的地を「沖縄」に決める場合，それは**最頻値**をとったことになります．

12.3　散布度

データの集まりの構造を示す数値に平均値がありますが，平均値だけではデータの集団的特徴を完全につかむことはできません．下の図の A と B のように，平均値がまったく同じでも，データの広がりが違う場合があります．平均値が同じでも，分布が同じとは限りません．

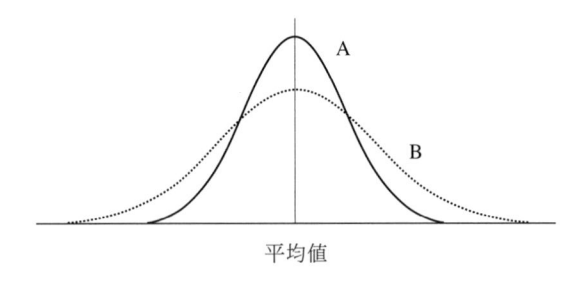

得られたデータに基づいて多少なりとも統計的な推測をする場合，分布の幅，いわゆる散布度が不可欠になってき

ます. **散布度**（ちらばり具合）は平均値への集中の程度を表すもので，これを知ることによってデータ全体の信頼性，安定性を把握することができます．散布度を求める方法として，平均値との関連で用いられる分散，標準偏差について考えてみましょう．

あるデータが平均値から，どの程度離れているかを示す指標として，分散と標準偏差を次のように定義します．

- データ x_i と平均値 $\bar{x}$ との差 $(x_i - \bar{x})$ を**偏差**といいます．偏差 $(x_i - \bar{x})$ の2乗和を求めて，その平均をとったものを**分散** (s^2) と呼びます．

$$s^2 = \frac{1}{n}\sum_{i=1}^{n}(x_i - \bar{x})^2 = \frac{1}{n}\sum_{i=1}^{n}x_i^2 - \bar{x}^2$$

- 分散 s^2 の平方根 $\sqrt{s^2} = s$ を，**標準偏差**といいます．

⬅ 散布度には分散，標準偏差のほかに，範囲(レンジ)，四分位偏差などがある．

⬅ $s^2 = 0$ のときは，データはすべて平均値に集中していることになる．

例題

下の表から次の値を求めてみましょう．

I 組	6	5	3	4	7	
II 組	6	2	10	0	7	5

〔1〕I 組の分散 s_I^2 と標準偏差 s_I
〔2〕II 組の分散 s_II^2 と標準偏差 s_II

例解

I 組と II 組の平均値は，$\bar{x_\text{I}} = 5$, $\bar{x_\text{II}} = 5$ なので

〔1〕 $s_\text{I}^2 = \frac{1}{5}\{(6-5)^2 + (5-5)^2 + (3-5)^2 + (4-5)^2 + (7-5)^2\}$
$= 2$
$s_\text{I} = \sqrt{2} = 1.4$

〔2〕 $s_{\text{II}}^2 = \dfrac{1}{6}\left\{(6-5)^2+(2-5)^2+(10-5)^2\right.$
$\left. +(0-5)^2+(7-5)^2+(5-5)^2\right\}=10.7$

$s_{\text{II}} = \sqrt{10.7} = 3.3$

問題 12.5

> 次の 10 個のデータについて，平均値，分散，標準偏差を求めてみよう．
>
> 　22　19　24　23　27　21　25　20　26　23

例題

次の度数分布表において，〔1〕分散 s^2，〔2〕標準偏差 s を求めてみましょう．

階　級	度　数
以上　　未満	
$40.5 \sim 45.5$	4
$45.5 \sim 50.5$	8
$50.5 \sim 55.5$	10
$55.5 \sim 60.5$	8
$60.5 \sim 65.5$	4

例解

仮平均 $a = 53.0$，階級幅 $h = 5$ として

$$u_i = \dfrac{x_i - a}{h} = \dfrac{x_i - 53.0}{5}$$

の表を，次のようにつくります．

Note

階 級	度数 f_i	階級値 x_i	u_i	$u_i f_i$	$u_i^2 f_i$
以上　未満					
$40.5 \sim 45.5$	4	43.0	-2	-8	16
$45.5 \sim 50.5$	8	48.0	-1	-8	8
$50.5 \sim 55.5$	10	53.0	0	0	0
$55.5 \sim 60.5$	8	58.0	$+1$	8	8
$60.5 \sim 65.5$	4	63.0	$+2$	8	16
合計	34			0	48

N は総度数で，$N = 34$，また，階級数 $n = 5$ であり

$$\bar{u} = \frac{1}{34} \sum_{i=1}^{5} u_i f_i = 0$$

$$\bar{x} = a + h \times \bar{u} = 53.0 + 5 \times 0 = 53.0$$

〔1〕分散は

$$\begin{aligned}
s^2 &= \frac{1}{N} \sum_{i=1}^{n} \left(x_i - \bar{x}\right)^2 f_i \\
&= \frac{1}{N} \sum_{i=1}^{n} \left\{a + h \times u_i - \left(a + h \times \bar{u}\right)\right\}^2 f_i \\
&= \frac{1}{N} \sum_{i=1}^{n} \left(h \times u_i - h \times \bar{u}\right)^2 f_i \\
&= h^2 \left\{\frac{1}{N} \sum_{i=1}^{n} \left(u_i - \bar{u}\right)^2 f_i\right\} \\
&= h^2 \left(\frac{1}{N} \sum_{i=1}^{n} u_i^2 f_i - \bar{u}^2\right)
\end{aligned}$$

より

$$s^2 = 5^2 \left\{\frac{1}{34} \times 48 - (0)^2\right\} = 5^2 \times \left(\frac{48}{34}\right) \fallingdotseq 35.29$$

⬅ $\sum_{i=1}^{5} u_i^2 f_i = 48$

〔2〕標準偏差は $s = \sqrt{s^2} \fallingdotseq 5.94$ です．

問題 12.6

次の度数分布表より，分散，標準偏差を求めてみよう．

階級	度数
以上　　未満	
9.5 〜 22.5	5
22.5 〜 35.5	4
35.5 〜 48.5	7
48.5 〜 61.5	9
61.5 〜 74.5	4
74.5 〜 87.5	3

Note

第 13 章

個数の処理

13.1 集合と要素

あるものの集まりで，しかもその集まりに入るものと入らないものとが明確に区別がつくものの集まりを**集合**といい，集合を構成する 1 つ 1 つのものをその集合の**要素**，または**元**といいます．集合は大文字 $A, B, C, \cdots$ を，要素は小文字 $a, b, c, \cdots$ を用いて表します．

← 範囲のはっきりしないものの集まり，例えば「大きな数の集まり」，「美人の集まり」などは集合とはいわない．

集合の例をあげましょう．

- 1 から 8 までの自然数 1, 2, 3, 4, 5, 6, 7, 8 の集まり

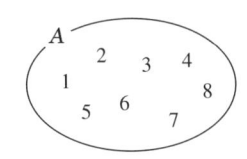

これを次のように書きます．
$$A = \{1, 2, 3, 4, 5, 6, 7, 8\}$$
または
$$A = \{a \mid 1 \leqq a \leqq 8 \quad a \text{ は自然数}\}$$

← { } の中に要素をすべて書き並べる．

← $\{a \mid a \text{ の満たす条件}\}$

- 文字「山」で始まる県名の集まりは，次のように書きます．

$$A = \{山形県, 山梨県, 山口県\}$$

または

$$A = \{a \mid a \text{ は「山」で始まる県名}\}$$

ある要素 a が

- 集合 A に属する場合，記号 $a \in A$
- 集合 A に属さない場合，記号 $a \notin A$

と表します．

> 記号 $a \in A$ は "a は A に属する" と読む．
> 記号 $a \notin A$ は "a は A に属さない" と読む．

■ 部分集合（$B \subseteq A$ または $A \supseteq B$）

集合 A が与えられているとき，集合 A からいくつかの要素を取り出して，つくられた要素の集まりを集合 B とします．このとき，集合 B の要素がすべて集合 A に含まれることになります．B を A の部分集合といい，これを記号 $B \subseteq A$（A は B を含む）で表します．

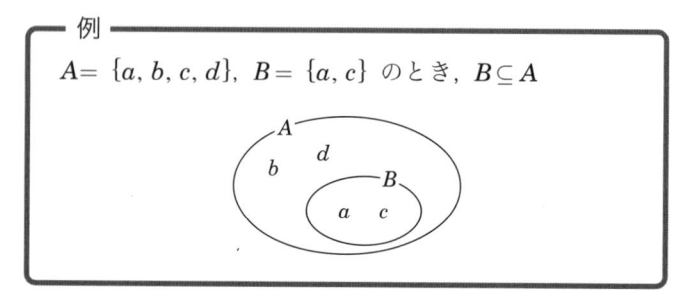

―― 例 ――――――――――――――――――――

$A = \{a, b, c, d\}$，$B = \{a, c\}$ のとき，$B \subseteq A$

――――――――――――――――――――――――

集合 A は A 自身の部分集合でもあります．また，要素をまったくもたない集合を空集合といい，記号 ϕ で表します．

> 空集合の記号はギリシャ文字の ϕ（ファイ）で代用するが，本来は 0（ゼロ）に / を付けた Ø．したがって "ファイ" とは読まず，"空" または "空集合" と読む．なお，空集合 { } を {0} と混同しないこと．

■ 和集合（$A \cup B$）

2 つの集合 A, B のいずれかに含まれている要素全体の集合を A と B の和集合といい，記号

$$A \cup B = \{a \mid a \in A \text{ または } a \in B\}$$

で表します．

> $A \cup B$ は "A または B"（A or B），あるいは "A カップ B" と呼ぶことがある．

Note

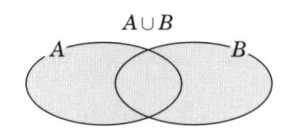

■ 共通部分（$A \cap B$）

2つの集合 A と B に共通するすべての要素の集合を A と B の**共通部分**といい，記号

$$A \cap B = \{a \mid a \in A \text{ かつ } a \in B\}$$

で表します．

🔶 $A \cap B$ は "A かつ B"（A and B），あるいは "A キャップ B" と呼ぶことがある．

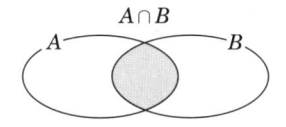

例

$A = \{1, 2, 4, 8\}$, $B = \{2, 4, 6\}$ のとき

$$A \cup B = \{1, 2, 4, 6, 8\}$$
$$A \cap B = \{2, 4\}$$

■ 全体集合（U）と補集合（$\overline{A}$）

1つの集合を定め，その部分集合を考えるとき，最初に定めた集合を**全体集合**といい，記号 U で表します．

また，全体集合 U の要素のうちで，ある集合 A に含まれないすべての要素からなる集合を，集合 A の**補集合**といい，記号 $\overline{A}$ または A^c で表します．

🔶 U は「全体集合」を意味する英語 universal set の頭文字．

🔶 $\overline{A}$ は "A バー" または "A の補集合" と読む．
A^c の右肩の c は「補集合」を意味する英語 complementary set の頭文字．

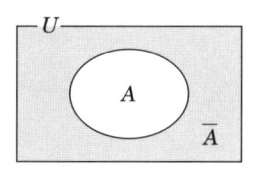

例えば $A = \{a \mid a \in U, a \in A\}$ ならば，A の補集合は

$\overline{A} = \{a \mid a \in U, a \notin A\}$

全体集合 U の2つの部分集合を A, B とするとき，下の図のように，U は4つの部分集合

$A \cap B$, $A \cap \overline{B}$, $\overline{A} \cap B$, $\overline{A} \cap \overline{B}$

に分かれます．

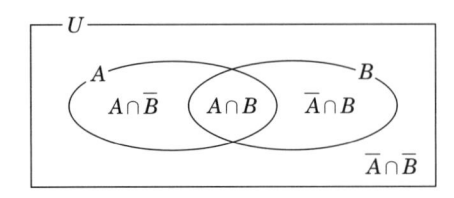

補集合の性質

$A \cup \overline{A} = U$

$A \cap \overline{A} = \phi$

ベン図（Venn diagram）

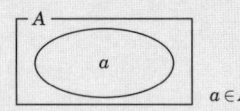

集合と集合との相互関係を直観的に示すための図式．全体集合を1つの長方形の内部で表し，その部分集合を長方形内の円または簡単な閉曲線で表す．

■ 差集合（$A - B = A \cap \overline{B}$）

2つの集合 A, B において，B には含まれず A のみに含まれる要素の集まりを集合 A と B の差集合といい，記号

$A - B = \{a \mid (a \in A) \cap (a \notin B)\} = A \cap \overline{B}$

で表します．

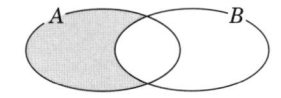

また，$B - A = \overline{A} \cap B$（$B$ のみ）は，以下の部分です．

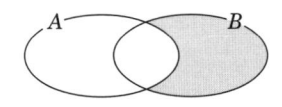

例題

$A = \{1, 2, 3, 4, 5\}$, $B = \{2, 3, 5, 6, 7, 8\}$ のとき次の各集合を求めてみましょう．

〔1〕$A - B$　　〔2〕$B - A$　　〔3〕$(A - B) \cup (B - A)$

Note

例解

〔1〕 $A-B = A \cap \overline{B} = \{1, 4\}$

〔2〕 $B-A = \overline{A} \cap B = \{6, 7, 8\}$

〔3〕 $(A-B) \cup (B-A) = \{1, 4, 6, 7, 8\}$

例題

全体集合 $U = \{1, 2, 3, 4, 5, 6\}$ の部分集合 A, B を
 $A = \{2, 4, 6\}$, $B = \{3, 6\}$
と定めるとき，次の各集合を求めてみましょう．

〔1〕 $\overline{A \cap B}$　　〔2〕 $\overline{A \cup B}$

〔3〕 $\overline{A} \cap \overline{B}$　　〔4〕 $\overline{A} \cup \overline{B}$

例解

〔1〕 $A \cap B = \{6\}$ より，$\overline{A \cap B} = \{1, 2, 3, 4, 5\}$

〔2〕 $A \cup B = \{2, 3, 4, 6\}$ より，$\overline{A \cup B} = \{1, 5\}$

〔3〕 $\overline{A} = \{1, 3, 5\}$, $\overline{B} = \{1, 2, 4, 5\}$ より

 $\overline{A} \cap \overline{B} = \{1, 5\}$

〔4〕 $\overline{A} = \{1, 3, 5\}$, $\overline{B} = \{1, 2, 4, 5\}$ より

 $\overline{A} \cup \overline{B} = \{1, 2, 3, 4, 5\}$

問題 13.1

全体集合 $U = \{x \mid x は 10 未満の自然数\}$ とし，集合 $A = \{1, 2, 3, 4, 5\}$, $B = \{2, 4, 6, 8\}$ のとき，次の各集合を求めてみよう．

〔1〕 $\overline{A}$　　〔2〕 $\overline{B}$　　〔3〕 $A \cup B$

〔4〕 $A \cap B$　　〔5〕 $\overline{A \cup B}$　　〔6〕 $A \cap \phi$

〔7〕 $(A \cap B) \cup (\overline{A} \cap B)$　　〔8〕 $A \cup (\overline{A} \cap B)$

集合の計算法則

1) 交換法則

 $A \cup B = B \cup A$
 $A \cap B = B \cap A$

2) 結合法則

 $(A \cup B) \cup C = A \cup (B \cup C)$
 $(A \cap B) \cap C = A \cap (B \cap C)$

3) 分配法則

 $A \cap (B \cup C) = (A \cap B) \cup (A \cap C)$
 $A \cup (B \cap C) = (A \cup B) \cap (A \cup C)$

4) ド・モルガンの法則

 全体集合 U の 2 つの部分集合を A, B とすると

 $\overline{A \cap B} = \overline{A} \cup \overline{B}$

 $\overline{A \cup B} = \overline{A} \cap \overline{B}$

 記号 $\overline{A \cap B}$ は集合 A, B の交わりの補集合.

5) $A \cup A = A$, $A \cap A = A$

 $A \cup (A \cap B) = A$
 $A \cap (A \cup B) = A$

13.2 集合の要素の個数

集合 A と B の和集合（$A \cup B$）の要素の個数を次のように表します．

$$n(A \cup B) = n(A) + n(B) - n(A \cap B)$$

ただし，$A \cap B = \phi$ の場合は

$$n(A \cap B) = 0$$

よって

$$n(A \cup B) = n(A) + n(B)$$

例題

あるクラス 60 人の学生を対象に，リンゴとミカンについて好き嫌いを調べたところ，リンゴを好きと答えた人は 35 人，ミカンを好きと答えた人は 28 人，両方好きと答えた人は，そのうち 8 人でした．

〔1〕リンゴまたはミカンが好きと答えた人は何人か求めてみましょう．

〔2〕両方とも嫌いと答えた人は何人か求めてみましょう．

例解

60 人の学生の集合を U，リンゴが好きと答えた人の集合を A，ミカンを好きと答えた人の集合を B とします．

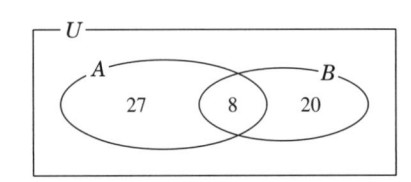

$$n(U) = 60, \ n(A) = 35, \ n(B) = 28, \ n(A \cap B) = 8$$

となります．

⬅ 集合 A の要素の個数を，記号 $n(A)$ で表す．

⬅ 補集合の要素の個数
$n(\overline{A}) = n(U) - n(A)$

Note

〔1〕 $n(A \cup B) = n(A) + n(B) - n(A \cap B)$
$= 35 + 28 - 8 = 55$ [人]

〔2〕 求める人数は $n(\overline{A} \cap \overline{B})$. ド・モルガンの法則を用います.

$n(\overline{A} \cap \overline{B}) = n(\overline{A \cup B})$ より

$n(\overline{A \cup B}) = n(U) - n(A \cup B) = 60 - 55 = 5$ [人]

→ ド・モルガンの法則 (law of de Morgan).

問題 13.2

45人の学生が物理と数学の試験を受験しました. その結果, 物理の合格者が22人, 数学の合格者が16人, 物理も数学もともに不合格であった人は15人でした. この場合, 次の学生は何人いるかを求めてみよう.

〔1〕 物理または数学に合格した学生
〔2〕 物理のみに合格した学生

13.3 場合の数

■ 和の法則

2つの事柄 A, B があって, それらは同時には起こらないとします. A の起こり方が a 通り, B の起こり方が b 通りあるとすれば, A または B のいずれかが起こる場合の数は $a+b$ 通りとなります.

例題

大小2つのサイコロを同時に投げるとします. このとき, 出る目の和が5の倍数になる場合の数は何通りあるか求めてみましょう.

例解

サイコロの目の和が 5 の倍数になるのは，5, 10 のときです．

- 目の和が 5 の場合は 4 通り（1-4, 2-3, 3-2, 4-1）
- 目の和が 10 の場合は 3 通り（4-6, 5-5, 6-4）

両方同時には起こらないことから，$4+3=7$ 通り．

■ 積の法則

2 つの事柄 A, B があって，A の起こり方が a 通りあり，そのおのおのに対して B の起こり方が b 通りずつあるとすれば，A と B がともに起こる場合の数は $a \times b$ 通りとなります．

例題

A 町から B 町へ行くのに 2 つの道 a, b があり，B 町から C 町へ行くのに 3 つの道 p, q, r があります．A 町から B 町を通って C 町へ行く方法は何通りあるか求めてみましょう．

例解

A 町から B 町へ行く道の選び方は a, b の 2 通りです．また，B 町から C 町へ行く道の選び方は，a に対して 3 通りで，b に対しても 3 通りですから，$2 \times 3 = 6$ 通りとなります．

> **問題** 13.3
>
> 男子 4 人，女子 3 人の中から議長，書記，会計をそれぞれ 1 名ずつ選出することになりました．ただし，議長に男子が選ばれたら，女子の中から書記を選ぶものと決めるとします．この場合，全部で何通りの選び方があるか求めてみよう．

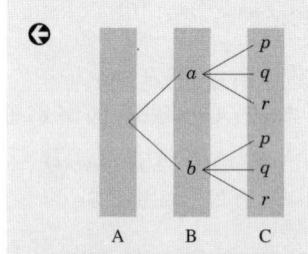

Note

13.4 順列

並べ方の個数を求める方法で，相異なる n 個のものの中から r 個を取り出して 1 列に並べる方法を，n 個から r 個を取り出す**順列**といい，総数を記号 ${}_n\mathrm{P}_r$ で表します．

例えば，1, 2, 3, 4, 5 の 5 つの数字から 3 つの数字を取り出して 3 桁の整数をつくるとき，いくつできるかを考えてみましょう．図のように，百の位の数字は，1, 2, 3, 4, 5 のどれでもよいので 5 通りあります．十の位の数字は 4 通り，一の位の数字の決め方は 3 通りになります．

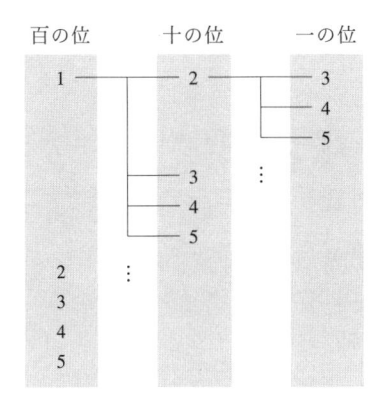

⊖ ${}_n\mathrm{P}_r$ の P は「順列」を意味する英語 permutation の頭文字．

したがって，求める 3 桁の整数の個数は

$${}_5\mathrm{P}_3 = 5 \times 4 \times 3 = 60 \quad [通り]$$

■ 順列の総数

$${}_n\mathrm{P}_r = n(n-1)(n-2)\cdots(n-r+1) \quad (r \text{ 個の積})$$

特に，$r = n$ のとき

$${}_n\mathrm{P}_n = n(n-1)(n-2)\cdots 3 \cdot 2 \cdot 1 = n!$$

また，$r < n$ のときは

順列 ${}_n\mathrm{P}_r$ の計算例

$${}_{10}\mathrm{P}_3 = 10 \times 9 \times 8$$
$${}_5\mathrm{P}_5 = 5! = 120$$

⊖ $n!$ は "n の**階乗**" と読む．

$$_n\mathrm{P}_r = \frac{n(n-1)(n-2)\cdots 3\cdot 2\cdot 1}{(n-r)!} = \frac{n!}{(n-r)!}$$

ここで，$n=r$ のとき，分母が $0!$ のときにも成り立たせるために $0!=1$ と定めます．

↶ $_n\mathrm{P}_0 = 1$

例題

男子 3 人と女子 2 人が 1 列に並んで写真を撮るとき，次の並び方は何通りあるか求めてみましょう．

〔1〕男子が隣り合う
〔2〕男子が両端にくる
〔3〕男子と女子が交互に並ぶ

例解

〔1〕まず，男子 3 人をまとめて 1 人と考えると，残っている女子が 2 人いることから，並び方は $_3\mathrm{P}_3$ 通りあります．そのおのおのに対して男子 3 人の並び方は $_3\mathrm{P}_3$ 通りです．よって，求める数は

$$_3\mathrm{P}_3 \times {}_3\mathrm{P}_3 = (3\times 2\times 1)\times(3\times 2\times 1) = 36 \ [通り]$$

〔2〕両端の男子の並び方は $_3\mathrm{P}_3$ 通りあり，そのおのおのに対して女子 2 人の並び方は $_2\mathrm{P}_2$ 通りあります．よって，求める数は

$$_3\mathrm{P}_3 \times {}_2\mathrm{P}_2 = (3\times 2\times 1)\times(2\times 1) = 12 \ [通り]$$

〔3〕先に男子 3 人を並べ，男子の間の 2 つの場所に 2 人の女子を並べます．男子 3 人の並び方は $_3\mathrm{P}_3$ 通り，そのおのおのに対して女子の並び方は $_2\mathrm{P}_2$ 通りあります．よって，求める数は

$$_3\mathrm{P}_3 \times {}_2\mathrm{P}_2 = (3\times 2\times 1)\times(2\times 1) = 12 \ [通り]$$

階乗表

$1! = 1$
$2! = 2$
$3! = 6$
$4! = 24$
$5! = 120$
$6! = 720$
$7! = 5040$
$8! = 40320$
$9! = 362880$
$10! = 3628800$

Note

⚠️ 誤　$4! + 4! = 8!$
　　　$2! + 4! = 6!$

> **問題 13.4**
> ある沿線に 10 の駅をもつ私鉄会社で，発駅，着駅を指定した片道切符をつくる場合，何種類の切符が必要となるか求めてみよう．

13.5 組合せ

順列では取り出したものの並べ方を扱ってきました．ここでは，並べる順序を無視して，何が取り出されるかだけを問題にします．

n 個のものがあるとき，その中から r 個を取り出してつくった組を，n 個のものから r 個取り出す**組合せ**といい，その総数を記号 ${}_nC_r$ または $\begin{pmatrix} n \\ r \end{pmatrix}$ で表します．

例えば，A, B, C の 3 人の中から 2 人を選んで 1 列に並べる方法は ${}_3P_2 = 3 \times 2 = 6$ 通りになります．

- (A→B) と (B→A)
- (A→C) と (C→A)
- (B→C) と (C→B)

この中には，次のような並べ方があります．組合せを考える場合には，A→B と B→A は同じと見るので，3 人の中から 2 人を選ぶ方法は，選ばれたものがおのおの 2 通りずつ重複することになり，この場合は

$$\frac{{}_3P_2}{2} = 3 \text{ [通り]}$$

となります．

また，6 人 (a, b, c, d, e, f) の中から，3 人を選ぶ方法は，おのおのについて，6 (= 3!) 通りが重複することになります．

↪ ${}_nC_r$ の C は「組合せ」を意味する英語 combination の頭文字．

${}_4P_2$ と ${}_4C_2$ の関係

$${}_4C_2 = \frac{{}_4P_2}{2}$$

↪ "じゅうふく" とも読む．

↪ ${}_nC_r = {}_nC_{n-r}$
例えば，${}_5C_3 = {}_5C_2 = 10$

例えば a, b, c の 3 人を選ぶことを考えると，{(a, b, c), (a, c, b), (b, c, a), (b, a, c), (c, a, b), (c, b, a)} のように 6 通りが重複します．よって

$$\frac{{}_6P_3}{3!} = \frac{6 \cdot 5 \cdot 4}{3!} = 20 \quad [通り]$$

となります．

一般に，異なる n 個のものから，順序を問題にしないで，r 個取り出してつくった組の総数は

$$_nC_r = \binom{n}{r} = \frac{{}_nP_r}{r!} = \frac{n!}{r!(n-r)!} \quad (0 \leq r \leq n)$$

となります．

例題

次の値を求めてみましょう．

〔1〕 $_{12}C_9$ 〔2〕 $_{15}C_{13}$ 〔3〕 $_nC_{n-2}$

例解

〔1〕 $_{12}C_9 = {}_{12}C_3 = \frac{{}_{12}P_3}{3!} = \frac{12 \cdot 11 \cdot 10}{6} = 220$

〔2〕 $_{15}C_{13} = {}_{15}C_2 = \frac{15 \cdot 14}{2!} = 105$

〔3〕 $_nC_{n-2} = {}_nC_{n-(n-2)} = {}_nC_2 = \frac{n!}{2! \cdot (n-2)!} = \frac{n(n-1)}{2}$

問題 13.5

男子 23 人と女子 20 人からなるクラスで，次のように委員を選ぶとき，その選び方は何通りあるでしょう．

〔1〕男子 2 人，女子 2 人の委員を選ぶ

〔2〕4 人の委員の中に少なくとも 1 人の女子がはいる

↩ $_1C_0 = 1$

↩ $_3C_2 = \binom{3}{2} = \frac{3}{2}\binom{2}{1}$
$= \frac{3}{2} \times \frac{2}{1}\binom{1}{0} = 3 \times 1 = 3$

二項定理

n が自然数のとき，$(a+b)^n$ の展開式は

$(a+b)^n$
$= {}_nC_0 a^n + {}_nC_1 a^{n-1}b + {}_nC_2 a^{n-2}b^2$
$+ \cdots + {}_nC_r a^{n-r}b^r$
$+ \cdots + {}_nC_{n-1} ab^{n-1} + {}_nC_n b^n$

となり，これを**二項定理**という．各項の係数 $_nC_0, {}_nC_1, {}_nC_2, \cdots, {}_nC_r,$ $\cdots, {}_nC_{n-1}, {}_nC_n$ を二項係数という．

Note

第 14 章

確　率

14.1　確率の意味

サイコロを振るときや袋の中から球を取り出すときのように，繰り返すことのできる実験や観測を試みることを**試行**といい，試行によって起こる事柄を**事象**といいます．

ある試行において，その起こり得る結果の全体の集合を，その試行に対する**標本空間**といい

- 標本空間で表される事象を**全事象**
- 標本空間の 1 つの要素だけからなる集合で表される事象を**根元事象**

といいます．

根元事象を 1 つも含まないものも事象と考え，これを**空事象**といって空集合 ϕ（または $\{\ \}$）で表します．空事象は決して起こらない事象です．

■ 数学的確率

ある試行の標本空間 S，つまり起こり得るすべての場合の集合を $S = \{s_1, s_2, s_3, \cdots, s_n\}$ とします．これより，起こり得る場合の総数は $n(S)$ 通りと表せます．また

- これらのどの 2 つも重複しては起こらず

⦿ 1 個のサイコロを投げる場合，全事象は $S = \{1, 2, 3, 4, 5, 6\}$．
根元事象は $\{1\}, \{2\}, \{3\}, \{4\}, \{5\}, \{6\}$．

☞　空集合は p.166 を参照.

第14章 確 率

- どの場合の起こることも同様に確からしい

とします．このとき，事象 A に属する場合の数が $n(A)$ 通りだとすると，事象 A が起こる場合の確率は

$$P(A)=\frac{n(A)}{n(S)}=\frac{\text{事象}A\text{の起こる場合の数}}{\text{起こり得るすべての場合の数}}$$

で与えられます．

> $P(A)$ の P は「確率」を意味する英語 probability の頭文字．
>
> 確率 $P(A)$ は，$0 \leqq P(A) \leqq 1$ という性質をもつ．
> $P(A)=1 \Leftrightarrow$ 事象 A が必ず起こる．
> $P(A)=0 \Leftrightarrow$ 事象 A が決して起こらない．

例題

3枚の百円硬貨を投げて，表が2枚，裏が1枚出る確率を求めてみましょう．

例解

この試行の結果，全事象 S の要素を，表を 1，裏を 0 で表すと

{1, 1, 1}, {1, 1, 0}, {1, 0, 1}, {0, 1, 1},
{1, 0, 0}, {0, 1, 0}, {0, 0, 1}, {0, 0, 0}

となり，$n(S)=8$ 通りです．

次に，事象 A に属する場合の数について，表が 2 枚で裏が 1 枚となるのは

{1, 1, 0}, {1, 0, 1}, {0, 1, 1}

となり，$n(A)=3$ 通りです．

よって，求める確率は，$n(S)=8$，$n(A)=3$ より

$$P(A)=\frac{3}{8}$$

■ 統計的確率

ある試行の下で得られた統計的資料の総数が N で，この資料で事象 A の起こった回数が r であるとき，r の N に対する比 $\frac{r}{N}$ を事象 A の起こる相対度数といいます．

Note

試行の総数が極めて大きくなっていくにつれて $\frac{r}{N}$ が一定の値 P に近づいていく場合，P を事象 A の起こる統計的確率といいます．

- 例 -

わが国の最近 5 年間の出生児の統計資料によれば，男児と女児の相対度数はそれぞれ一定しており，男児は約 0.513 で，女児は約 0.487 です．このとき，男児である統計的確率を 0.513，女児である統計的確率を 0.487 といいます．

14.2 確率の計算

■ 確率の加法定理

2 つの事象 A, B が同時に起こりえないとき，A, B は互いに排反である，または排反事象であるといいます．

2 つの事象 A, B について

$$P(A \cup B) = P(A) + P(B) - P(A \cap B)$$

特に，2 つの事象 A, B が排反事象のとき

$$P(A \cup B) = P(A) + P(B)$$

を確率の加法定理といいます．

例題

赤球が 6 個，白球が 3 個入っている袋から 2 個を取り出すとき，同じ色の球が取り出される確率を求めてみましょう．

↩ A, B が排反 $\Leftrightarrow A \cap B = \phi$

↩ 2 つの事象 A, B に対して

和事象 ($A \cup B$)
A, B のいずれかが起こるという事象．

積事象 ($A \cap B$)
A, B がともに起こるという事象．

例解

2個が赤球である事象を A, 2個が白球である事象を B とすると，それぞれの確率は

$$P(A) = \frac{{}_6C_2}{{}_9C_2} = \frac{5}{12}$$

$$P(B) = \frac{{}_3C_2}{{}_9C_2} = \frac{1}{12}$$

また，A と B は互いに排反であることより，2個とも同じ色となる事象は，$(A \cup B)$ であり，求める確率は次のようになります．

$$P(A \cup B) = P(A) + P(B) = \frac{5}{12} + \frac{1}{12} = \frac{6}{12} = \frac{1}{2}$$

← 9個から2個を選ぶ．
$${}_9C_2 = \frac{9 \cdot 8}{2 \cdot 1} = 36 \ [通り]$$

問題 14.1

100本の中に一等が2本，二等が10本，三等が15本入っているくじがあります．このくじを1本引くとき，次の値を求めてみよう．

〔1〕一等か二等が当たる確率

〔2〕一等か二等か三等が当たる確率

← 3つの事象 A, B, C が互いに排反であるとき
$$P(A \cup B \cup C) = P(A) + P(B) + P(C)$$

■ 余事象の定理

事象 A に対して，事象 A が起こらないという事象を事象 A の余事象といい，記号 $\overline{A}$ で表します．事象 A と余事象 $\overline{A}$ は互いに排反事象であり，次のような関係があります．

$$P(A) = 1 - P(\overline{A})$$

← $P(A) + P(\overline{A}) = P(A \cup \overline{A}) = 1$

Note

例題

10本のくじの中に当たりくじが3本入っています．このくじを2本同時に引くとき，少なくとも1本が当たる確率を調べてみましょう．

例解

少なくとも1本が当たるという事象 A は，1本も当たりくじを引かない，つまり余事象 $\overline{A}$ は2本ともはずれくじを引くという事象となります．

まず，10本のくじの中から2本を引くとき，起こり得るすべての場合の数は ${}_{10}C_2$ 通りです．

余事象 $\overline{A}$ が起こる場合の数は，はずれくじが7本あることから ${}_7C_2$ 通りです．

よって，求める確率は

$$P(A) = 1 - P(\overline{A}) = 1 - \frac{{}_7C_2}{{}_{10}C_2} = 1 - \frac{21}{45} = \frac{24}{45} = \frac{8}{15}$$

となります．

⬅ 「少なくとも…」という場合には余事象の定理を利用．

⬅ 約 53％

■ 乗法定理1（事象の独立）

2つの事象 A, B があり，このうち1つの事象 A が起こるか否かにかかわらず，事象 B の起こることが影響を受けないとき，これらの事象 A, B は互いに独立であるといい，このときの確率は，次のように表します．

$$P(A \cap B) = P(A) \cdot P(B)$$

⬅ 3つの事象 A_1, A_2, A_3 が互いに独立であるなら

$$P(A_1 \cap A_2 \cap A_3) = P(A_1) \cdot P(A_2) \cdot P(A_3)$$

例題

射的に命中させる腕前が確率 $\frac{3}{4}$ といわれている選手がいて，この選手が2発続けて射撃するとき，次の確率を求めてみましょう．

〔1〕 2発とも命中する

〔2〕 1発目が命中せず，2発目が命中する

例解

〔1〕 2回の射撃は互いに独立な試行とみなします．求める確率は $\dfrac{3}{4} \times \dfrac{3}{4} = \dfrac{9}{16}$

〔2〕 1発射撃したとき，命中しない確率は $1 - \dfrac{3}{4} = \dfrac{1}{4}$ なので，求める確率は $\dfrac{1}{4} \times \dfrac{3}{4} = \dfrac{3}{16}$

問題 14.2

射的で，A選手は5発中4発，B選手は4発中3発，C選手は3発中2発の割合で的中するといわれています．このとき，次の確率を求めてみよう．

〔1〕 3人が1発ずつ撃つとき，A選手だけが的中する

〔2〕 3人が1発ずつ撃つとき，少なくとも2人が的中する

■ 乗法定理2（事象の従属）

2つの事象 A, B があり，事象 A が起こるか起こらないかによって事象 B が影響を受けるとき，これらの事象は互いに従属であるといいます．

事象 A が起こった条件の下で，事象 B が起こる確率を $P(B|A)$ とすると，次の関係が成り立ちます．

$$P(A \cap B) = P(A) \cdot P(B|A)$$

（A, B がともに起こる確率）
 ＝（A が起こる確率）
  ×（A が起こったとき，さらに B が起こる確率）

← 条件付き確率といい $P(B|A)$，または $P_A(B)$ で表す．

Note

例題

3本の当たりくじを含む10本のくじがあります．A, Bの2人がこの順に1本ずつ引くとき

〔1〕A が当たりくじを引く確率
〔2〕B が当たりくじを引く確率

はそれぞれいくらになるか求めてみましょう．ただし，引いたくじは元に戻さないものとします．

例解

〔1〕A が当たりくじを引く確率は $P(A) = \dfrac{3}{10}$

〔2〕B が当たる確率については，2つの場合が考えられます．まず，A が当たりくじを引き，B も当たりくじを引く場合は，$P(B|A) = \dfrac{2}{9}$ を用いて

$$P(A \cap B) = P(A) \cdot P(B|A) = \dfrac{3}{10} \times \dfrac{2}{9} = \dfrac{1}{15}$$

次に，A がはずれで，B が当たりくじを引く場合は，$P(B|\overline{A}) = \dfrac{3}{9}$ を用いて

$$P(\overline{A} \cap B) = P(\overline{A}) \cdot P(B|\overline{A}) = \dfrac{7}{10} \times \dfrac{3}{9} = \dfrac{7}{30}$$

よって，B が当たりくじを引く確率は

$$\dfrac{1}{15} + \dfrac{7}{30} = \dfrac{3}{10}$$

↶ A, B の当たりくじを引く確率は，どちらも $\dfrac{3}{10}$ であるから，くじを引く順序には関係しない．

問題 14.3

当たりくじが3本入っている20本のくじがあります．A, B の2人がこのくじを1本ずつ，この順に引きます．ただし，引いたくじは元に戻さないものとします．このとき，次の確率を求めてみよう．

〔1〕A が当たり，B が当たる
〔2〕A がはずれて，B が当たる

■ 反復試行の確率

　サイコロを3回繰り返して振る，製品の中から4個ずつ取ることを30回行う，などは1つの試行と考えられます．このように，同じ試行を一定の回数だけ繰り返すことを**反復試行**といいます．

　1回の試行で，事象 A が起こる確率を P とします．この試行を繰り返し n 回行ったとき，事象 A が r 回起こる確率について調べてみましょう．この場合，事象 A が起こる r 回は，n 回のどこで起こってもかまいません．

　n 個のものから r 個を取った組合せの個数は ${}_nC_r$ 個あります．また事象 A の余事象は $(n-r)$ 回起こります．これより，n 回の試行で事象 A が r 回起こる確率は，次のように表せます．

$$\,_nC_r P^r (1-P)^{n-r}$$

例題

　5問のうち，3問解けたら合格という試験があります．以下の学生が合格する確率を求めてみましょう．

〔1〕3問のうち平均2問解くことのできる学生
〔2〕3問のうち平均1問しか解くことのできない学生

例解

〔1〕問題1問につき正解する確率は $\dfrac{2}{3}$，合格するには3問正解，4問正解，5問正解のどれかになることです．よって

$$_5C_3\left(\frac{2}{3}\right)^3\left(1-\frac{2}{3}\right)^2 + {}_5C_4\left(\frac{2}{3}\right)^4\left(1-\frac{2}{3}\right) + {}_5C_5\left(\frac{2}{3}\right)^5 = \frac{192}{243}$$

〔2〕問題 1 問について正解する確率は $\frac{1}{3}$，同様に考えて

$$_5C_3\left(\frac{1}{3}\right)^3\left(1-\frac{1}{3}\right)^2 + {}_5C_4\left(\frac{1}{3}\right)^4\left(1-\frac{1}{3}\right) + {}_5C_5\left(\frac{1}{3}\right)^5 = \frac{51}{243}$$

14.3 確率変数と期待値

■ 確率変数

1 枚のコインを投げたとき，必ず起こる事象は，表が出るか裏が出るかの 2 通りです．その確率はいずれも $\frac{1}{2}$ です．

また，表が出る回数を大文字 X で表すと，X は 1 か 0 です．この回数 X を**確率変数**といいます．すなわち，試行の結果によってその値 r が定まり，その値に対して確率が決まるような変数のことです．まとめると次のようになります．

表が出る回数 $X=r$	1	0
確率 $P(X=r)$	$\frac{1}{2}$	$\frac{1}{2}$

■ 確率分布

次の表は，競技者 S 君が 10 本の矢を的に射った結果を表しています．的には A＝5 点，B＝3 点，C＝1 点，はずれ＝0 点を与えます．

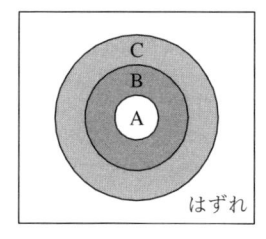

第14章 確率

的 $X=r$	A	B	C	はずれ
点数（点）	5	3	1	0
的中率（%）	20	40	30	10

$P(X=r)$ のとり得る値は次のようになります．

$P(X=\mathrm{A})=0.2$

$P(X=\mathrm{B})=0.4$

$P(X=\mathrm{C})=0.3$

$P(X=はずれ)=0.1$

確率変数 X のとる値 r と，その値をとる確率 $P(X=r)$ との対応関係を，確率変数 X の**確率分布**といいます．

↻ $\sum_{r=0}^{n} P(X=r) = 1$

■ 期待値

ここに1枚の宝くじがあるとします．「その1枚に，どのくらいの金額が与えられるか」というような期待を実際に計算して得られる数値です．

下表のように，宝くじが100本あるとしましょう．

	賞金額（円）	本 数
1等	5000	2
2等	1000	5
3等	500	10

この宝くじの1本当たりの平均金額を調べると，次のようになります．

$$\frac{5000 \times 2 + 1000 \times 5 + 500 \times 10 + 0 \times 83}{100} = 200 \quad [円]$$

この式を次のように書き直します（はずれが83本あります）．

📝 Note

$$5000 \times \frac{2}{100} + 1000 \times \frac{5}{100} + 500 \times \frac{10}{100} + 0 \times \frac{(100-17)}{100}$$

これは

賞金額 × それに対する確率

の合計となっています．これを**期待値**（平均）といい，記号 $E(X)$ で表します．

$$\begin{aligned} E(X) &= 5000 \times 0.02 + 1000 \times 0.05 + 500 \times 0.1 + 0 \times 0.83 \\ &= 200 \text{ [円]} \end{aligned}$$

⊙ $E(X)$ の E は「期待値」を意味する英語 expectation の頭文字．定義式は

$$E(X) = \sum_{r=0}^{n} r \cdot P(X=r)$$

⊙ 宝くじ1枚の値段が，300円だとしたら100円の損．

例題

正しければ○を，誤りならば×を付ける問題が6問あります．6問全部に正解したら10点，5問正解のときは5点，4問正解は3点，正解3問以下では0点と採点されるとします．このとき，まったくデタラメに○と×を付けた人の得点は何点くらいと期待できるか求めてみましょう．

例解

デタラメに○と×を付けるので，各問が正解，不正解となる確率はともに $\frac{1}{2}$ です．6問中の正解数の確率は

- 6問正解：${}_6C_6 \left(\frac{1}{2}\right)^6 = \frac{1}{64}$

- 5問正解：${}_6C_5 \left(\frac{1}{2}\right)^5 \left(\frac{1}{2}\right) = \frac{6}{64}$

- 4問正解：${}_6C_4 \left(\frac{1}{2}\right)^4 \left(\frac{1}{2}\right)^2 = \frac{15}{64}$

- 3問正解：${}_6C_3 \left(\frac{1}{2}\right)^3 \left(\frac{1}{2}\right)^3 = \frac{20}{64}$

- 2問正解：${}_6C_2 \left(\frac{1}{2}\right)^2 \left(\frac{1}{2}\right)^4 = \frac{15}{64}$

- 1 問正解：${}_6C_1 \left(\dfrac{1}{2}\right)^1 \left(\dfrac{1}{2}\right)^5 = \dfrac{6}{64}$

- 0 問正解：${}_6C_0 \left(\dfrac{1}{2}\right)^0 \left(\dfrac{1}{2}\right)^6 = \dfrac{1}{64}$

となります．よって

$$E(X) = 10 \times \dfrac{1}{64} + 5 \times \dfrac{6}{64} + 3 \times \dfrac{15}{64} + 0 \times \left(\dfrac{20}{64} + \dfrac{15}{64} + \dfrac{6}{64} + \dfrac{1}{64}\right)$$

$$= \dfrac{85}{64} \fallingdotseq 1.3 \ [点]$$

問題 14.4

ある遊園地の売店の売上は，その日の天候にかなり影響を受けます．1 日の利益は，晴れたら 10 万円，曇りでは 8 万円，雨だったら 4 万円が見込まれるといわれています．1 日あたり，5,000 円の保険に加入すれば，雨の日には 3 万円の保険金を受け取れます．晴れ，曇り，雨の確率がそれぞれ 0.6, 0.2, 0.2 のとき，保険に加入することで得をするかどうか求めてみよう．

↳ 雨だったら，保険に加入していた場合の利益は
$$(4-0.5)+3 = 6.5 \ [万円]$$

Note

問題の解答

問題 1.1

[1] $4-3\times(-3)^3+2\times(-4)^2\div(-2)^3$
$=4+81+2\times16\div(-8)$
$=4+81-4$
$=85-4=81$

[2] $\{-7-(-5)\}\times(-3)-(-6)=(-2)\times(-3)+6$
$=6+6=12$

[3] $(-3^2)+(-2^3)+(-4)^2=-9-8+16=-1$

[4] $\dfrac{2}{3}-\left(2-\dfrac{3}{4}\right)\div\left(-\dfrac{1}{5}\right)\times\dfrac{1}{5}$
$=\dfrac{2}{3}-\left(\dfrac{8}{4}-\dfrac{3}{4}\right)\div\left(-\dfrac{1}{5}\right)\times\dfrac{1}{5}$
$=\dfrac{2}{3}-\dfrac{5}{4}\div\left(-\dfrac{1}{5}\right)\times\dfrac{1}{5}$
$=\dfrac{2}{3}+\dfrac{5\times5\times1}{4\times1\times5}$
$=\dfrac{2}{3}+\dfrac{25}{20}$
$=\dfrac{40}{60}+\dfrac{75}{60}=\dfrac{115}{60}=\dfrac{23}{12}$

問題 1.2

[1] $4\sqrt{27}+\sqrt{75}=12\sqrt{3}+5\sqrt{3}=17\sqrt{3}$

[2] $\dfrac{\sqrt{24}}{\sqrt{3}}=\sqrt{\dfrac{24}{3}}=\sqrt{8}=\sqrt{2^2\times2}=\sqrt{2^2}\times\sqrt{2}=2\sqrt{2}$

[3] $(\sqrt{2}-\sqrt{5})(\sqrt{2}+\sqrt{5})=2-5=-3$

[4] $3\sqrt{8}+\sqrt{18}-\sqrt{32}=6\sqrt{2}+3\sqrt{2}-4\sqrt{2}=5\sqrt{2}$

[5] $\dfrac{\sqrt{5}-\sqrt{3}}{\sqrt{5}+\sqrt{3}}=\dfrac{(\sqrt{5}-\sqrt{3})(\sqrt{5}-\sqrt{3})}{(\sqrt{5}+\sqrt{3})(\sqrt{5}-\sqrt{3})}=\dfrac{(\sqrt{5}-\sqrt{3})^2}{(\sqrt{5})^2-(\sqrt{3})^2}$
$=\dfrac{5-2\sqrt{5}\sqrt{3}+3}{5-3}=\dfrac{8-2\sqrt{15}}{2}=4-\sqrt{15}$

問題 1.3

[1] $\sqrt[5]{-32}=\sqrt[5]{(-2)^5}=-2$

[2] $\sqrt[4]{(-3)^4}=\sqrt[4]{3^4}=3$

[3] $\sqrt[3]{3}\cdot\sqrt[3]{9}=\sqrt[3]{27}=\sqrt[3]{3^3}=3$

[4] $\dfrac{\sqrt[4]{32}}{\sqrt[4]{2}}=\sqrt[4]{\dfrac{32}{2}}=\sqrt[4]{16}=\sqrt[4]{2^4}=2$

[5] $(\sqrt[6]{4})^3=\sqrt[6]{4^3}=\sqrt[6]{(2^2)^3}=\sqrt[6]{2^6}=2$

問題 1.4

[1] $25^{\frac{3}{2}}=(5^2)^{\frac{3}{2}}=5^3=125$

[2] $32^{-\frac{4}{5}}=(2^5)^{-\frac{4}{5}}=2^{-4}=\dfrac{1}{2^4}=\dfrac{1}{16}$

問題 1.5

[1] $(5^3)^2\div5^5=5^6\div5^5=5^{6-5}=5^1=5$

[2] $6^4\div2^4\times3^{-4}=(2\times3)^4\div2^4\times3^{-4}$
$=2^4\times3^4\times2^{-4}\times3^{-4}=2^0\times3^0=1$

[3] $(5\times10^6)\times(2\times10^{-5})=5\times2\times10^6\times10^{-5}$
$=10\times10=100$

[4] $\sqrt{a}\times\sqrt[3]{a}=a^{\frac{1}{2}+\frac{1}{3}}=a^{\frac{5}{6}}$ または $\sqrt[6]{a^5}$

問題 1.6

[1] $\dfrac{1}{3}=\log_{64}4$

[2] $-2=\log_3\dfrac{1}{9}$

問題 1.7

[1] $3^1=3$

[2] $9^{\frac{3}{2}}=27$

問題 1.8

[1] $\log_2 16 = x$ とおくと，定義から $2^x = 16$
すなわち，$2^x = 2^4$
∴ $x = 4$
したがって，$\log_2 16 = 4$

[2] $\log_{\frac{1}{2}} 2 = x$ とおくと，定義から $\left(\frac{1}{2}\right)^x = 2$
すなわち，$\left(\frac{1}{2}\right)^x = \left(\frac{1}{2}\right)^{-1}$
∴ $x = -1$
したがって，$\log_{\frac{1}{2}} 2 = -1$

問題 1.9

[1] $2\log_2 6 + \log_2 \dfrac{2}{9} = \log_2 6^2 + \log_2 \dfrac{2}{9}$
$= \log_2 \left(6^2 \times \dfrac{2}{9}\right) = \log_2 \dfrac{36 \times 2}{9}$
$= \log_2 8 = \log_2 2^3 = 3$

[2] $\log_5 10 - \log_5 \dfrac{2}{5} = \log_5 \dfrac{10}{\frac{2}{5}} = \log_5 25$
$= \log_5 5^2 = 2\log_5 5 = 2$

[3] $(\log_2 3 + \log_4 9)(\log_3 4 + \log_9 2)$
$= \left(\dfrac{\log_{10} 3}{\log_{10} 2} + \dfrac{\log_{10} 9}{\log_{10} 4}\right)\left(\dfrac{\log_{10} 4}{\log_{10} 3} + \dfrac{\log_{10} 2}{\log_{10} 9}\right)$
$= \left(\dfrac{\log_{10} 3}{\log_{10} 2} + \dfrac{2\log_{10} 3}{2\log_{10} 2}\right)\left(\dfrac{2\log_{10} 2}{\log_{10} 3} + \dfrac{\log_{10} 2}{2\log_{10} 3}\right)$
$= \dfrac{2\log_{10} 3}{\log_{10} 2} \times \dfrac{5\log_{10} 2}{2\log_{10} 3} = 5$

問題 1.10

[1] $(2-3i)-(5-7i) = (2-5)+(-3+7)i = -3+4i$

[2] $(2-3i)(-1+4i) = (-2-12i^2)+(8+3)i$
$= (-2+12)+11i = 10+11i$

[3] $\dfrac{1-2i}{3+i} - \dfrac{1+2i}{3-i} = \dfrac{(1-2i)(3-i)-(1+2i)(3+i)}{(3+i)(3-i)}$
$= \dfrac{-(1+6)i \times 2}{9+1} = -\dfrac{7}{5}i$

問題 1.11

[1] $(-2x^3-4x^2+7x+6)+(-4x^3+8x-3)$
$= -6x^3-4x^2+15x+3$

[2] $3a^2x \times (-2ax^2) \times (-4a^3x^3)$
$= 24 \times (a^2 \times a \times a^3) \times (x \times x^2 \times x^3)$
$= 24a^6x^6$

[3] $\dfrac{3x^3}{2y^2} \times \dfrac{5y^3}{4x^2} = \dfrac{15 \times x^3 \times y^3}{8 \times y^2 \times x^2}$
$= \dfrac{15}{8}x^{3-2}y^{3-2} = \dfrac{15}{8}xy$

[4] $\dfrac{3x-2y}{4} - \dfrac{x-y}{2} = \dfrac{3x-2y}{4} - \dfrac{2x-2y}{4}$
$= \dfrac{3x-2y-2x+2y}{4} = \dfrac{x}{4}$

[5] $(2x^2+x-3) \div (x^2-2x+1)$
$= \dfrac{(2x+3)(x-1)}{(x-1)(x-1)} = \dfrac{2x+3}{x-1}$

問題 1.12

[1] $(x+y)^2+(x-y)^2$
$= x^2+2xy+y^2+x^2-2xy+y^2$
$= 2x^2+2y^2$

[2] $(x+4)(x^2-3x+2)$
$= x^3-3x^2+2x+4x^2-12x+8$
$= x^3+x^2-10x+8$

[3] $(2x-y)(2x+y) = 4x^2-y^2$

[4] $(x^2+x+1)(x^2-x+1)$
$= \{(x^2+1)+x\}\{(x^2+1)-x\}$
$= (x^2+1)^2-x^2$
$= x^4+2x^2+1-x^2$
$= x^4+x^2+1$

問題 1.13

[1] $4a^2bc-8ab^2c = 4abc(a-2b)$

[2] $4xy^2-25x^3 = x(4y^2-25x^2) = x\{(2y)^2-(5x)^2\}$
$= x(2y+5x)(2y-5x)$

[3] $x^2-6x+8 = (x-2)(x-4)$

[4] $8a^3+27b^3 = (2a)^3+(3b)^3$
$= (2a+3b)\{(2a)^2-2a(3b)+(3b)^2\}$
$= (2a+3b)(4a^2-6ab+9b^2)$

[5] $x^2-2y^2-xy+3y-1$
$= x^2-yx-(2y^2-3y+1)$

問題の解答

$$= x^2 - yx - (2y-1)(y-1)$$
$$= \{x-(2y-1)\}\{x+(y-1)\}$$
$$= (x-2y+1)(x+y-1)$$

[6] $a^2(b-c)+b^2(c-a)+c^2(a-b)$
$$= (b-c)a^2 - b^2a + b^2c + c^2a - c^2b$$
$$= (b-c)a^2 - (b^2-c^2)a + (b^2c - c^2b)$$
$$= (b-c)a^2 - (b-c)(b+c)a + bc(b-c)$$
$$= (b-c)\{a^2 - (b+c)a + bc\}$$
$$= (b-c)(a-b)(a-c)$$

問題 1.14

[1] $\dfrac{x^2-y^2}{x+y} \times \dfrac{3xy}{x^2-xy} = \dfrac{(x+y)(x-y)}{x+y} \times \dfrac{3xy}{x(x-y)}$
$$= 3y$$

[2] $\dfrac{2}{x^2+3} - \dfrac{1}{x^2-2} = \dfrac{2(x^2-2)-(x^2+3)}{(x^2+3)(x^2-2)}$
$$= \dfrac{2x^2-4-x^2-3}{(x^2+3)(x^2-2)} = \dfrac{x^2-7}{(x^2+3)(x^2-2)}$$

[3] $\dfrac{2}{x^2+5x+6} \div \dfrac{2}{x^2+x-6}$
$$= \dfrac{2}{(x+2)(x+3)} \times \dfrac{(x-2)(x+3)}{2} = \dfrac{x-2}{x+2}$$

[4] $\dfrac{2-\dfrac{2}{1+x^2}}{1-\dfrac{1}{1+x^2}} = \dfrac{\dfrac{2(1+x^2)}{1+x^2} - \dfrac{2}{1+x^2}}{\dfrac{1+x^2}{1+x^2} - \dfrac{1}{1+x^2}} = \dfrac{\dfrac{2+2x^2-2}{1+x^2}}{\dfrac{x^2}{1+x^2}}$
$$= \dfrac{\dfrac{2x^2}{1+x^2}}{\dfrac{x^2}{1+x^2}} = \dfrac{2x^2}{1+x^2} \times \dfrac{1+x^2}{x^2} = 2$$

問題 1.15

[1] $\dfrac{1}{x-\sqrt{x^2+1}} + x = \dfrac{x+\sqrt{x^2+1}}{(x-\sqrt{x^2+1})(x+\sqrt{x^2+1})} + x$
$$= \dfrac{x+\sqrt{x^2+1}}{x^2-(x^2+1)} + x = \dfrac{x+\sqrt{x^2+1}}{-1} + x$$
$$= -x - \sqrt{x^2+1} + x = -\sqrt{x^2+1}$$

[2] $\dfrac{1+\dfrac{x}{\sqrt{x^2+1}}}{x+\sqrt{x^2+1}} = \dfrac{\left(1+\dfrac{x}{\sqrt{x^2+1}}\right)(x-\sqrt{x^2+1})}{(x+\sqrt{x^2+1})(x-\sqrt{x^2+1})}$

$$= \dfrac{\left(1+\dfrac{x}{\sqrt{x^2+1}}\right)(x-\sqrt{x^2+1})}{x^2-(x^2+1)}$$

$$= \dfrac{x-\sqrt{x^2+1}+\dfrac{x^2}{\sqrt{x^2+1}} - x}{-1}$$

$$= \dfrac{\dfrac{-(x^2+1)+x^2}{\sqrt{x^2+1}}}{-1} = \dfrac{\dfrac{-1}{\sqrt{x^2+1}}}{-1}$$

$$= \dfrac{1}{\sqrt{x^2+1}}$$

[3] $\dfrac{x^2}{\sqrt{x^2+1}} - \sqrt{x^2+1} = \dfrac{x^2}{\sqrt{x^2+1}} - \dfrac{\left(\sqrt{x^2+1}\right)^2}{\sqrt{x^2+1}}$
$$= \dfrac{x^2-(x^2+1)}{\sqrt{x^2+1}} = \dfrac{x^2-x^2-1}{\sqrt{x^2+1}}$$
$$= -\dfrac{1}{\sqrt{x^2+1}}$$

問題 2.1

[1] $7x - 6 = 29 + 2x$
$7x - 2x = 29 + 6$
$5x = 35$
∴ $x = 7$

[2] $3t - 4 = 7t - 9$
$3t - 7t = -9 + 4$
$-4t = -5$
∴ $t = \dfrac{5}{4}$

[3] $\dfrac{x}{x-5} = \dfrac{2}{7}$
$7x = 2(x-5)$
$7x = 2x - 10$
$7x - 2x = -10$
$5x = -10$
∴ $x = -2$

[4] $\dfrac{5(y-4)}{6} = \dfrac{y+4}{2}$
$10(y-4) = 6(y+4)$
$10y - 40 = 6y + 24$
$10y - 6y = 24 + 40$
$4y = 64$
∴ $y = 16$

問題 2.2

〔1〕 $x^2 - 4x + 3 = 0$
$(x-1)(x-3) = 0$
∴ $x = 1, 3$

〔2〕 $x^2 + 2 = 0$
$x^2 = -2$
∴ $x = \pm\sqrt{-2} = \pm\sqrt{2}\,i$

〔3〕 $2x^2 - 9x + 4 = 0$
$(x-4)(2x-1) = 0$
∴ $x = 4, \dfrac{1}{2}$

〔4〕 $\dfrac{1}{6}x^2 + \dfrac{1}{2}x - 1 = 0$
$x^2 + 3x - 6 = 0$
∴ $x = \dfrac{-3 \pm \sqrt{33}}{2}$

問題 2.3

〔1〕 $\begin{cases} x + y = 6 \\ 2x + 4y = 16 \end{cases}$ ……………(1) ……………(2)

(代入法)
式 (1) より
　　$x = 6 - y$ ……………(3)
式 (3) を式 (2) に代入すると
　　$2(6 - y) + 4y = 16$
　　$12 - 2y + 4y = 16$
　　$2y = 16 - 12 = 4$
　　∴ $y = 2$ ……………(4)
式 (4) を式 (1) に代入すると
　　$x + 2 = 6$
　　∴ $x = 4$
したがって $(x, y) = (4, 2)$

(加減法)
式 (2) − 式 (1) × 2
　　$2y = 4$
　　∴ $y = 2$ ……………(5)
式 (5) を式 (1) に代入すると
　　$x + 2 = 6$
　　∴ $x = 4$
したがって $(x, y) = (4, 2)$

〔2〕 $\begin{cases} 2x + y = 7 \\ x + 3y = 6 \end{cases}$ ……………(1) ……………(2)

(代入法)
式 (1) より
　　$y = 7 - 2x$ ……………(3)
式 (3) を式 (2) に代入すると
　　$x + 3(7 - 2x) = 6$
　　$x + 21 - 6x = 6$
　　$-5x = 6 - 21$
　　$-5x = -15$
　　∴ $x = 3$ ……………(4)
式 (4) を式 (2) に代入すると
　　$3 + 3y = 6$
　　$3y = 6 - 3$
　　∴ $y = 1$
したがって $(x, y) = (3, 1)$

(加減法)
式 (1) − 式 (2) × 2
　　$-5y = -5$
　　∴ $y = 1$ ……………(5)
式 (5) を式 (1) に代入すると
　　$2x + 1 = 7$
　　$2x = 6$
　　∴ $x = 3$
したがって $(x, y) = (3, 1)$

問題 2.4

〔1〕 $3x - 5 < 5x + 3$
$3x - 5x < 3 + 5$
$-2x < 8$
∴ $x > -4$

〔2〕 $D = (-3)^2 - 4 \cdot 1 \cdot (-10) = 49 > 0$ で、因数分解できる形なので
　　$x^2 - 3x - 10 < 0$
　　$(x+2)(x-5) < 0$
　　∴ $-2 < x < 5$

〔3〕 $-x^2 + x + 2 > 0$
$x^2 - x - 2 < 0$
$(x+1)(x-2) < 0$
∴ $-1 < x < 2$

〔4〕 $\begin{cases} x^2 + 2x - 1 < 0 \\ x^2 - 2x - 3 \geqq 0 \end{cases}$ ……………(1) ……………(2)

式(1) より

$$\{x-(-1-\sqrt{2})\}\{x-(-1+\sqrt{2})\} < 0$$
$$\therefore \quad -\sqrt{2}-1 < x < \sqrt{2}-1 \quad \cdots\cdots\cdots (3)$$

式 (2) より
$$(x+1)(x-3) \geqq 0$$
$$\therefore \quad x \leqq -1, \ 3 \leqq x \quad \cdots\cdots\cdots (4)$$

したがって，(3), (4) を同時に満たす x の範囲は
$$-\sqrt{2}-1 < x \leqq -1$$

問題 2.5

〔1〕

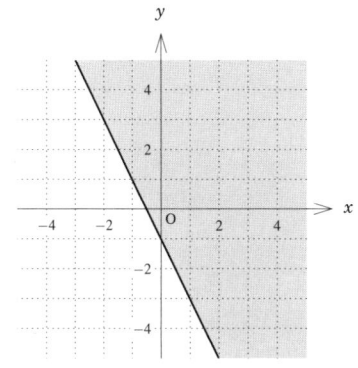

境界を含まない

〔2〕

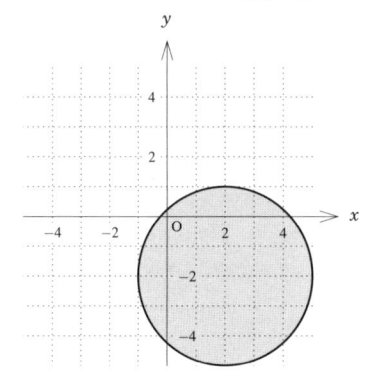

境界を含む

〔3〕

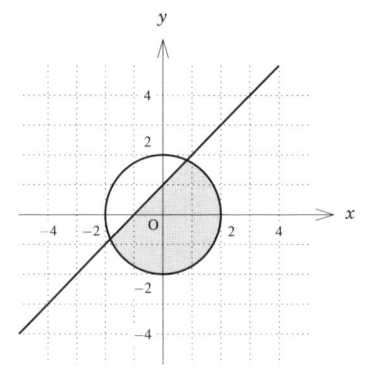

境界を含む

問題 3.1

〔1〕 $\sin\beta = \dfrac{3}{5}, \cos\beta = \dfrac{4}{5}, \tan\beta = \dfrac{3}{4}$

〔2〕 $\cos 30° = \dfrac{\sqrt{3}}{2}, \tan 60° = \sqrt{3}, \cos 45° = \dfrac{1}{\sqrt{2}}$

問題 3.2

$\sin^2\beta + \cos^2\beta = 1$ より
$$\left(\dfrac{2}{3}\right)^2 + \cos^2\beta = 1$$
$$\therefore \quad \cos^2\beta = \dfrac{5}{9}$$

$\angle\beta$ は鋭角であるから
$$\cos\beta > 0$$
$$\therefore \quad \cos\beta = \sqrt{\dfrac{5}{9}} = \dfrac{\sqrt{5}}{3}$$

次に，$\tan\beta = \dfrac{\sin\beta}{\cos\beta}$ から
$$\therefore \quad \tan\beta = \dfrac{2}{3} \div \dfrac{\sqrt{5}}{3} = \dfrac{6}{3\sqrt{5}} = \dfrac{2}{\sqrt{5}} = \dfrac{2\sqrt{5}}{5}$$

問題 3.3

〔1〕 a, b, A の値を正弦定理に代入して
$$\dfrac{3}{\sin 30°} = \dfrac{4}{\sin \mathrm{B}}$$
$$\therefore \quad \sin \mathrm{B} = \dfrac{4}{3} \times \sin 30° = \dfrac{4}{3} \times \dfrac{1}{2} = \dfrac{2}{3}$$

〔2〕 a, b, c の値を余弦定理に代入すると
$$\cos \mathrm{A} = \dfrac{b^2 + c^2 - a^2}{2bc}$$
$$= \dfrac{3^2 + 2^2 - (\sqrt{7})^2}{2 \cdot 3 \cdot 2} = \dfrac{6}{12} = \dfrac{1}{2}$$
$$\therefore \quad \cos \mathrm{A} = \dfrac{1}{2} \text{ を満たす角 A は } 60°$$

問題 4.1

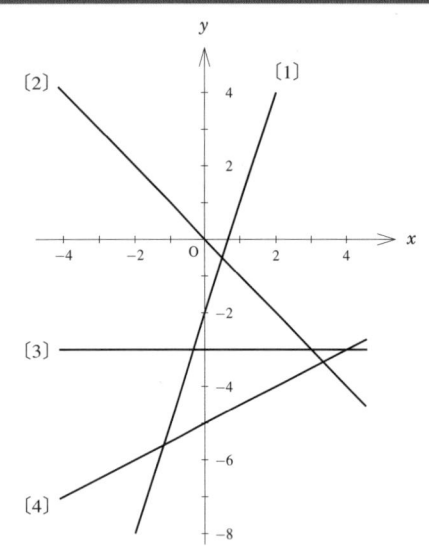

問題 4.2

〔1〕平方完成して標準形にすると

$$y = x^2 - 2$$
$$= (x-0)^2 - 2$$

よって，軸は y 軸，頂点の座標は点 $(0, -2)$

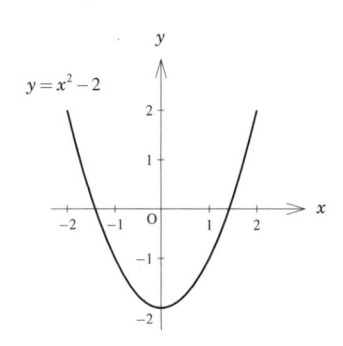

〔2〕平方完成して標準形にすると

$$y = -\frac{1}{2}x^2 - 2x + 1$$
$$= -\frac{1}{2}(x^2 + 4x) + 1$$
$$= -\frac{1}{2}(x^2 + 2\cdot 2x + 2^2 - 2^2) + 1$$
$$= -\frac{1}{2}\{(x+2)^2 - 4\} + 1$$
$$= -\frac{1}{2}(x+2)^2 + 2 + 1$$
$$= -\frac{1}{2}(x+2)^2 + 3$$

よって，軸は直線 $x = -2$，頂点の座標は点 $(-2, 3)$ になる．
グラフは上に凸の放物線で，y 軸と点 $(0, 1)$ で交わる．

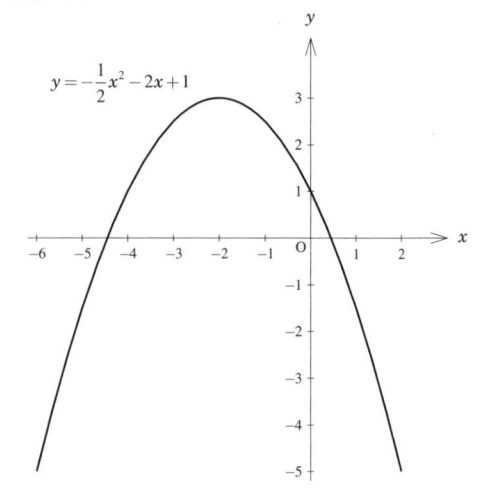

〔3〕平方完成して標準形にすると

$$y = 2x^2 - 4x - 1$$
$$= 2(x^2 - 2x) - 1$$
$$= 2(x^2 - 2\cdot 1x + 1^2 - 1^2) - 1$$
$$= 2\{(x-1)^2 - 1\} - 1$$
$$= 2(x-1)^2 - 2 - 1$$
$$= 2(x-1)^2 - 3$$

よって，軸は直線 $x = 1$，頂点の座標は点 $(1, -3)$ になる．
グラフは下に凸の放物線で，y 軸と点 $(0, -1)$ で交わる．

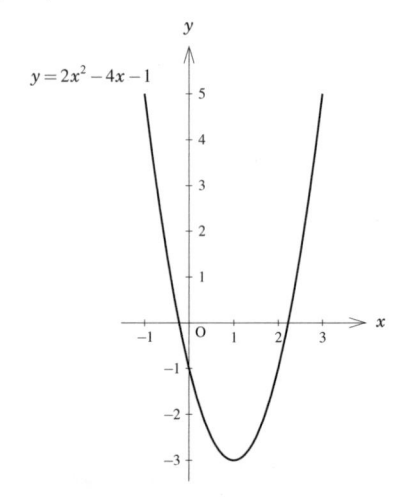

問題 4.3

[1] $60° = 60 \times \dfrac{\pi}{180} = \dfrac{\pi}{3}$

[2] $240° = 240 \times \dfrac{\pi}{180} = \dfrac{4}{3}\pi$

[3] $\dfrac{7}{6}\pi = \dfrac{7}{6} \times 180° = 210°$

[4] $\dfrac{11}{12}\pi = \dfrac{11}{12} \times 180° = 165°$

問題 4.4

[1] 図のように，$\dfrac{2}{3}\pi$ を表す動径 OP を描き，点 P から x 軸に垂線 PQ をおろす．直角三角形 OPQ の $\angle$POQ は $\dfrac{\pi}{3} = 60°$ であるから，円の半径を 2 とすると，点 P の座標は $(-1, \sqrt{3})$ となる．

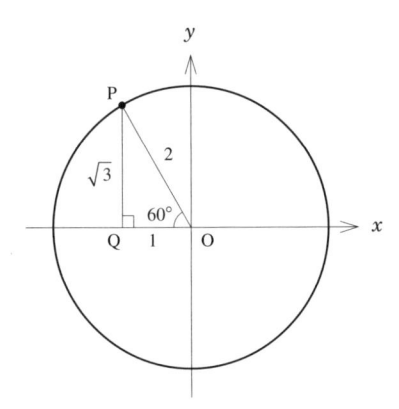

よって

$$\sin\dfrac{2}{3}\pi = \dfrac{\sqrt{3}}{2}$$

$$\cos\dfrac{2}{3}\pi = -\dfrac{1}{2}$$

$$\tan\dfrac{2}{3}\pi = -\sqrt{3}$$

[2] 図のように，$-\dfrac{1}{6}\pi$ を表す動径 OP を描き，点 P から x 軸に垂線 PQ をおろす．直角三角形 OPQ の $\angle$POQ は $\dfrac{\pi}{6} = 30°$ であるから，円の半径を 2 とすると，点 P の座標は $(\sqrt{3}, -1)$ となる．

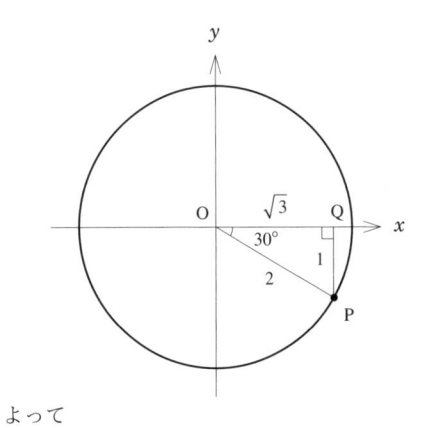

よって

$$\sin\left(-\dfrac{1}{6}\pi\right) = -\dfrac{1}{2}$$

$$\cos\left(-\dfrac{1}{6}\pi\right) = \dfrac{\sqrt{3}}{2}$$

$$\tan\left(-\dfrac{1}{6}\pi\right) = -\dfrac{1}{\sqrt{3}}$$

問題 4.5

[1]

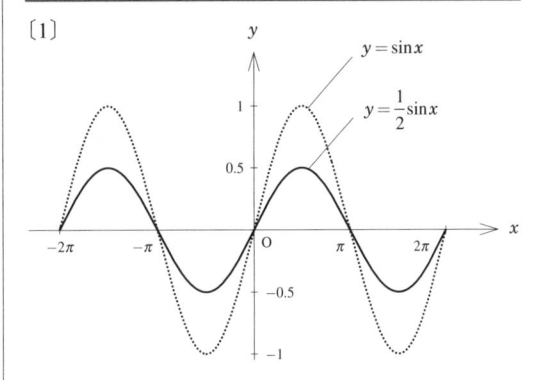

[2]

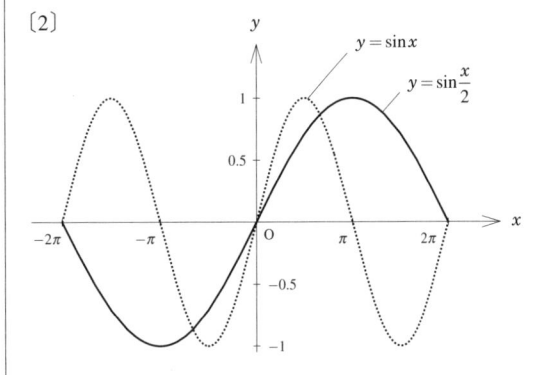

問題 4.6

[1] $y=3^x$ の x と y の対応表をつくる．

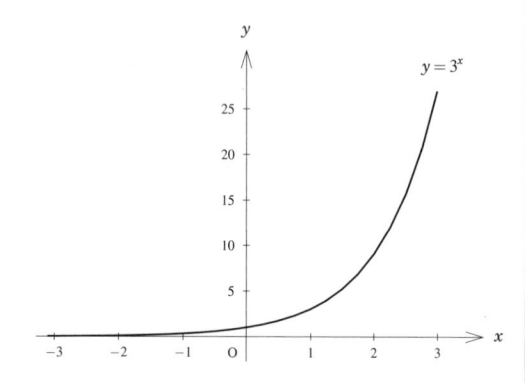

x	-2	-1	0	1	2
y	0.11	0.33	1	3	9

[2] $y=\left(\dfrac{1}{3}\right)^x$ の x と y の対応表をつくる．$y=\left(\dfrac{1}{3}\right)^x$ は $y=3^{-x}$ と同じだから，[1] の表を利用できる．

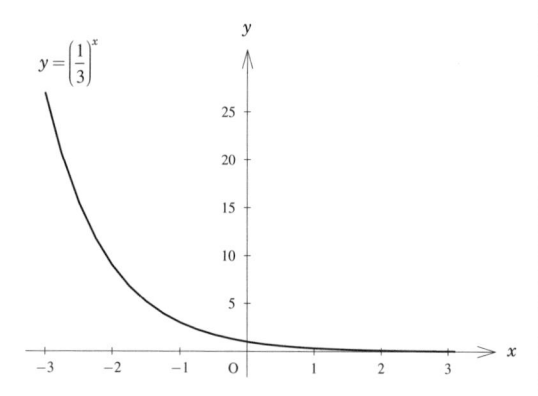

x	-2	-1	0	1	2
y	9	3	1	0.33	0.11

問題 4.7

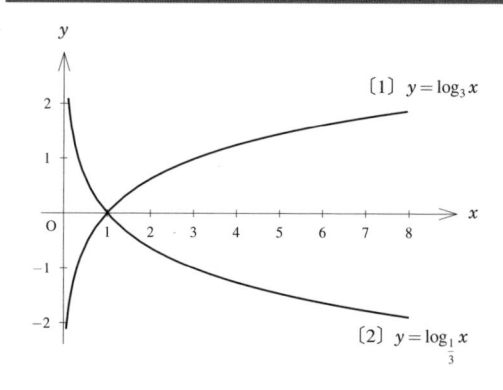

[1] $y=\log_3 x$

[2] $y=\log_{\frac{1}{3}} x$

問題 5.1

初項 1，公差 4 なので，一般項 a_n は
$$a_n = 1 + (n-1) \times 4 = 4n - 3$$
第 8 項までの和は
$$S_n = \frac{1}{2} \cdot 8 \{2 \times 1 + (8-1) \times 4\} = 4 \times 30 = 120$$

問題 5.2

初項 2，公比 2 なので，一般項 a_n は $a_n = 2 \cdot 2^{n-1} = 2^n$
第 7 項までの和は
$$S_n = \frac{2 \cdot (2^7 - 1)}{2 - 1} = 2 \times 127 = 254$$

問題 5.3

[1] $\displaystyle\sum_{k=1}^{5} 4 = 4+4+4+4+4 = 4 \times 5 = 20$

[2] $\displaystyle\sum_{k=1}^{4} k^2 = 1^2 + 2^2 + 3^2 + 4^2 = 30$

[3] $\displaystyle\sum_{k=1}^{n} (k-1)(k-5) = \sum_{k=1}^{n} (k^2 - 6k + 5)$

$\displaystyle = \sum_{k=1}^{n} k^2 - 6 \sum_{k=1}^{n} k + 5 \sum_{k=1}^{n} 1$

$= \dfrac{1}{6} n(n+1)(2n+1) - 6 \cdot \dfrac{1}{2} n(n+1) + 5n$

$= \dfrac{1}{6} n \{(n+1)(2n+1) - 18(n+1) + 30\}$

$= \dfrac{1}{6} n (2n^2 - 15n + 13)$

$= \dfrac{1}{6} n (n-1)(2n-13)$

問題の解答

問題 6.1

〔1〕中心 $(0, 0)$，半径 2 の円

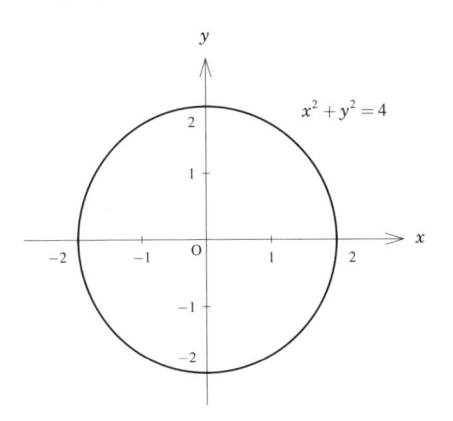

〔2〕式を変形すると
$$(x+1)^2 + (y+2)^2 = -1 + 4 + 1 = 2^2$$
よって，中心 $(-1, -2)$，半径 2 の円

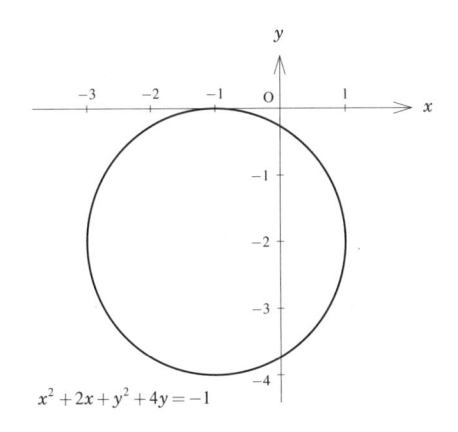

問題 6.2

〔1〕

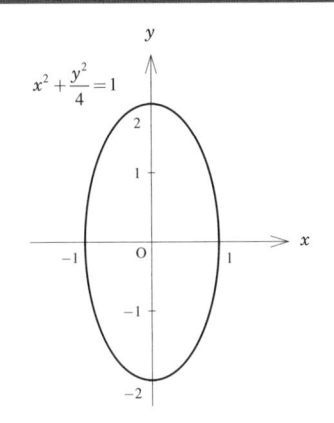

〔2〕

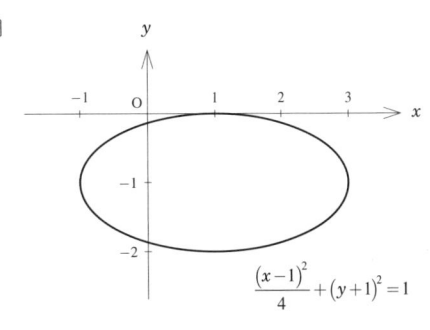

問題 6.3

〔1〕双曲線の頂点は $(-2, 0)$ と $(2, 0)$，漸近線は
$$y = \frac{3}{2}x \quad と \quad y = -\frac{3}{2}x$$

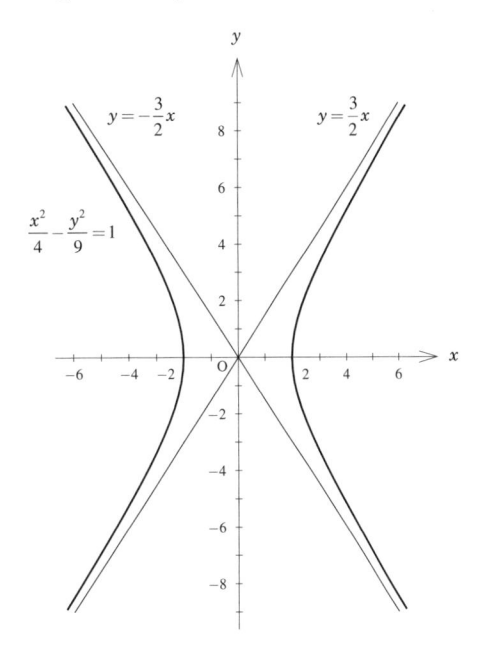

〔2〕双曲線の頂点は $(-2, 0)$ と $(2, 0)$，漸近線は
$$y = \frac{1}{2}x \quad と \quad y = -\frac{1}{2}x$$

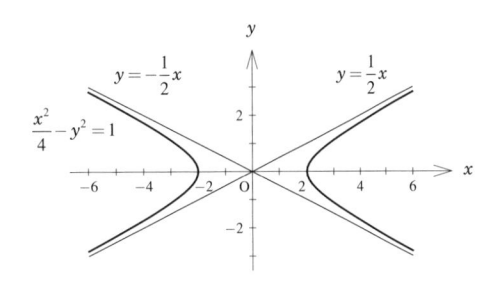

問題 7.1

[1] $\lim_{x \to 3}(x^2 - 2x + 3) = 6$

[2] $\lim_{x \to 2}(x-1)(x^2+1) = 5$

[3] $\lim_{x \to -1} \dfrac{x^2-1}{x^2+3x+2} = \lim_{x \to -1} \dfrac{(x+1)(x-1)}{(x+1)(x+2)} = -2$

[4] $\lim_{x \to 0} \dfrac{\sqrt{x+4}-2}{x} = \lim_{x \to 0} \dfrac{(\sqrt{x+4}-2)(\sqrt{x+4}+2)}{x(\sqrt{x+4}+2)}$

$= \lim_{x \to 0} \dfrac{x}{x(\sqrt{x+4}+2)} = \lim_{x \to 0} \dfrac{1}{\sqrt{x+4}+2} = \dfrac{1}{4}$

問題 7.2

[1] $\dfrac{(3^2-3)-(1^2-1)}{3-1} = 3$

[2] $\dfrac{(3-3^2)-(3-1^2)}{3-1} = -4$

問題 7.3

[1] $f'(1) = \lim_{h \to 0} \dfrac{\{(1+h)^2-1-(1^2-1)\}}{h}$

$= \lim_{h \to 0} \dfrac{2h+h^2}{h} = 2$

[2] $f'(-1) = \lim_{h \to 0} \dfrac{f(-1+h) - f(-1)}{h}$

$= \lim_{h \to 0} \dfrac{\begin{bmatrix}-2(-1+h)^2+3(-1+h)\\-\{-2(-1)^2+3(-1)\}\end{bmatrix}}{h}$

$= \lim_{h \to 0} \dfrac{7h-2h^2}{h} = 7$

問題 7.4

[1] $f'(x) = \lim_{h \to 0} \dfrac{2(x+h)-2x}{h}$

$= \lim_{h \to 0} \dfrac{2x+2h-2x}{h} = 2$

[2] $f'(x) = \lim_{h \to 0} \dfrac{\{3(x+h)^2-4(x+h)-(3x^2-4x)\}}{h}$

$= \lim_{h \to 0} \dfrac{h(6x+3h-4)}{h} = 6x-4$

問題 7.5

[1] $y' = -6x^2 + 1$

[2] $y = 3x^{\frac{1}{2}} - 2x^{-3}$ として

$y' = \dfrac{3}{2}x^{-\frac{1}{2}} - 2(-3)x^{-4} = \dfrac{3}{2\sqrt{x}} + \dfrac{6}{x^4}$

[3] $y' = -\dfrac{4x}{(x^2-1)^3}$

[4] $y' = 4x \cdot (3x-1) + (2x^2+1) \cdot 3$

$= 12x^2 - 4x + 6x^2 + 3$

$= 18x^2 - 4x + 3$

[5] $y' = \dfrac{3x^2+6x-2}{(x+1)^2}$

問題 7.6

[1] $t = 1 - 2x^2$ とおくと,$y = t^3$ より

$\dfrac{dy}{dx} = \dfrac{d}{dt}(t^3) \cdot \dfrac{d}{dx}(1-2x^2)$

$= 3(1-2x^2)^2(-4x)$

$= -12x(1-2x^2)^2$

[2] $t = (x^2+1)(x+2)$ とおくと,$y = t^{\frac{1}{3}}$ より

$\dfrac{dy}{dx} = \dfrac{d}{dt}\left(t^{\frac{1}{3}}\right) \cdot \dfrac{d}{dx}\{(x^2+1)(x+2)\}$

$= \dfrac{1}{3}t^{-\frac{2}{3}}\{(2x)(x+2)+(x^2+1)(1)\}$

$= \dfrac{3x^2+4x+1}{3\sqrt[3]{\{(x^2+1)(x+2)\}^2}}$

[3] $t = 2x-3$ とおくと,$y = t^{-\frac{1}{3}}$ より

$\dfrac{dy}{dx} = \dfrac{d}{dt}\left(t^{-\frac{1}{3}}\right) \cdot \dfrac{d}{dx}(2x-3) = -\dfrac{2}{3\sqrt[3]{(2x-3)^4}}$

問題 7.7

$f(x) = 2x^2 - 4x + 1$ とおくと

$f'(x) = 4x - 4$

よって

$f'(0) = -4$

であるから,接線の傾きは -4,法線の傾きは

$-\dfrac{1}{f'(2)} = \dfrac{1}{4}$

したがって，求める接線の方程式は

$$y - 1 = -4x$$
$$\therefore \ y = -4x + 1$$

法線の方程式は

$$y - 1 = \frac{1}{4}x$$
$$\therefore \ y = \frac{1}{4}x + 1$$

問題 7.8

1. y' を求めると，$y' = -3x^2 + 6x = -3x(x-2)$
2. $y' = 0$ のとき，$-3x(x-2) = 0$ より $x = 0, 2$
3. $x < 0$, $0 < x < 2$, $2 < x$ における y' の値の正負を調べて増減表を作成する．y' の欄に + または − を，y の欄に ↗ または ↘ を記入する．

x	$\cdots$	0	$\cdots$	2	$\cdots$
y'	−	0	+	0	−
y	↘	−1 (極小)	↗	3 (極大)	↘

4. 増減表を見ながらグラフを描く．

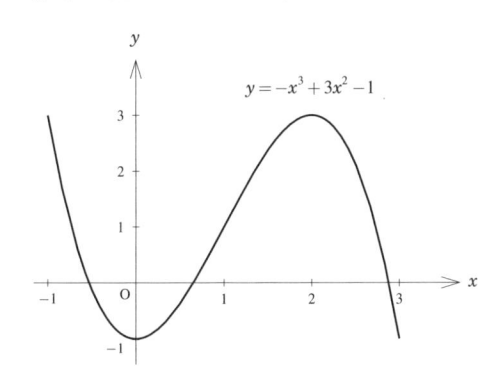

問題 8.1

〔1〕 $\displaystyle\int \frac{1}{x^3}dx = \int x^{-3}dx = \frac{x^{-3+1}}{-2} + C = -\frac{1}{2x^2} + C$

〔2〕 $\displaystyle\int \sqrt[3]{x^2}\,dx = \int x^{\frac{2}{3}}dx = \frac{x^{\frac{2}{3}+1}}{\frac{5}{3}} + C = \frac{3}{5}x^{\frac{5}{3}} + C$
$= \dfrac{3}{5}\sqrt[3]{x^5} + C$

〔3〕 $\displaystyle\int (2x-1)(x+1)dx = \int (2x^2 + x - 1)dx$
$= 2\int x^2 dx + \int x\, dx - 1\int dx$

$= \dfrac{2}{3}x^3 + \dfrac{1}{2}x^2 - x + C$

問題 8.2

〔1〕 $\displaystyle\int_0^2 (2x+3)(3x+1)dx = \int_0^2 (6x^2 + 11x + 3)dx$
$= \left[2x^3 + 11 \times \dfrac{1}{2}x^2 + 3x \right]_0^2$
$= (16 + 22 + 6) - 0 = 44$

〔2〕 $\displaystyle\int_0^1 (x^2 - x)dx = \left[\dfrac{1}{3}x^3 - \dfrac{1}{2}x^2 \right]_0^1 = \left(\dfrac{1}{3} - \dfrac{1}{2} \right) - 0 = -\dfrac{1}{6}$

〔3〕 $\displaystyle\int_1^4 \sqrt{x}\,dx = \int_1^4 x^{\frac{1}{2}}dx = \left[\dfrac{x^{\frac{3}{2}}}{\frac{3}{2}} \right]_1^4$
$= \dfrac{2}{3}\left[x^{\frac{3}{2}} \right]_1^4 = \dfrac{2}{3}\left\{ \left(4^{\frac{1}{2}} \right)^3 - 1 \right\}$
$= \dfrac{2}{3}(8-1) = \dfrac{14}{3}$

〔4〕 $\displaystyle\int_0^1 (x^2 + 2x - 1)dx + \int_1^0 (x^2 - x)dx$
$= \displaystyle\int_0^1 (x^2 + 2x - 1)dx - \int_0^1 (x^2 - x)dx$
$= \displaystyle\int_0^1 (x^2 + 2x - 1 - x^2 + x)dx$
$= \displaystyle\int_0^1 (3x - 1)dx = \left[\dfrac{3}{2}x^2 - x \right]_0^1$
$= \left(\dfrac{3}{2} - 1 \right) - 0 = \dfrac{1}{2}$

問題 8.3

〔1〕 $y = x^2 + 3x - 4 = (x-1)(x+4)$ であるから，x 軸と $x = -4, 1$ で交わる．

$0 \leq x \leq 1$ では，$y \leq 0$
$-1 \leq x \leq 2$ では，$y \geq 0$

であるから，求める面積 S は

$S = -\displaystyle\int_0^1 (x^2 + 3x - 4)dx$
$\quad + \displaystyle\int_1^2 (x^2 + 3x - 4)dx$
$= -\left[\dfrac{1}{3}x^3 + \dfrac{3}{2}x^2 - 4x \right]_0^1$
$\quad + \left[\dfrac{1}{3}x^3 + \dfrac{3}{2}x^2 - 4x \right]_1^2$
$= 5$

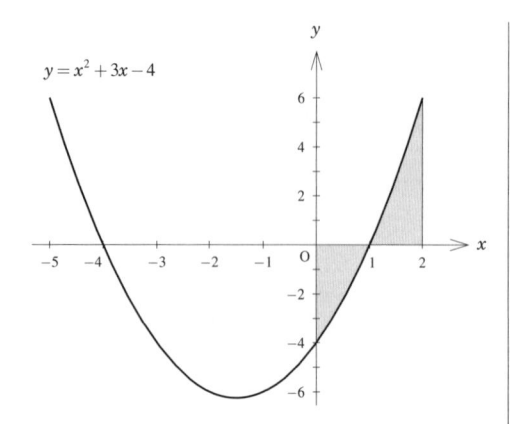

(2) 曲線と x 軸との交点の x 座標は $-1, 0, 2$ であり

$-1 \leqq x \leqq 0$ のとき, $y \geqq 0$

$0 \leqq x \leqq 2$ のとき, $y \leqq 0$

であるから, 求める面積 S は

$$S = \int_{-1}^{2} |x(x+1)(x-2)| dx$$
$$= \int_{-1}^{0} (x^3 - x^2 - 2x) dx$$
$$\quad - \int_{0}^{2} (x^3 - x^2 - 2x) dx$$
$$= \left[\frac{x^4}{4} - \frac{x^3}{3} - x^2 \right]_{-1}^{0}$$
$$\quad - \left[\frac{x^4}{4} - \frac{x^3}{3} - x^2 \right]_{0}^{2}$$
$$= \frac{5}{12} + \frac{8}{3} = \frac{37}{12}$$

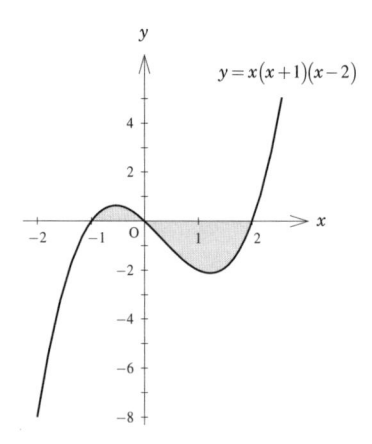

問題 8.4

(1) $V = \pi \int_{0}^{a} 4x\, dx = 4\pi \left[\frac{x^2}{2} \right]_{0}^{a} = 2\pi a^2$

(2) $\dfrac{x^2}{a^2} + \dfrac{y^2}{b^2} = 1$ を y について解くと

$$y = \pm \frac{b}{a} \sqrt{a^2 - x^2}$$

楕円の上半分の式 $y = \dfrac{b}{a} \sqrt{a^2 - x^2}$ から

$$y^2 = \frac{b^2}{a^2}(a^2 - x^2)$$

よって求める立体の体積 V は

$$V = \pi \int_{-a}^{a} \frac{b^2}{a^2}(a^2 - x^2) dx$$
$$= \frac{2\pi b^2}{a^2} \int_{0}^{a} (a^2 - x^2) dx$$
$$= \frac{2\pi b^2}{a^2} \left[a^2 x - \frac{x^3}{3} \right]_{0}^{a}$$
$$= \frac{4}{3} \pi a b^2$$

問題 9.1

(1) $\vec{c}, \vec{a}$

(2) $\overrightarrow{\mathrm{FA}}, \overrightarrow{\mathrm{DC}}, \overrightarrow{\mathrm{EO}}$

問題 9.2

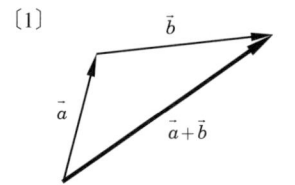

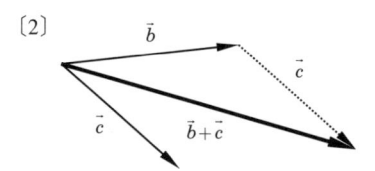

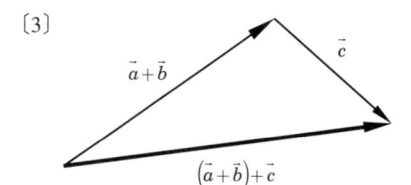

(1)

(2)

(3)

問題 9.3

$\overrightarrow{OC} = -\overrightarrow{OA} = -\vec{a}$
$\overrightarrow{AB} = \vec{b} - \vec{a}$

問題 9.4

〔1〕 $\vec{x} = -4\vec{a} - \vec{b}$

〔2〕 $\vec{x} = \dfrac{4}{3}\vec{a} - 2\vec{b}$

問題 9.5

$2\vec{a} - \vec{b} = 2(2, 3) - (-4, 5) = (4+4, 6-5) = (8, 1)$

大きさ $\left|2\vec{a} - \vec{b}\right| = \sqrt{8^2 + 1^2} = \sqrt{65}$

問題 9.6

〔1〕 $\vec{a} \cdot \vec{b} = 1 \times 3 \times \cos 30° = \dfrac{3\sqrt{3}}{2}$

〔2〕 $\vec{a} \cdot \vec{b} = \sqrt{2} \times \sqrt{6} \times \cos 135° = -\sqrt{6}$

問題 9.7

$2 \cdot (-1) + 1 \cdot x = 0$ より, $x = 2$

問題 9.8

$\overrightarrow{AB} = (2, 3)$, $\overrightarrow{AC} = (1, 7)$, よって求める面積 S は

$$S = \dfrac{1}{2}\left|2 \cdot 7 - 3 \cdot 1\right| = \dfrac{11}{2}$$

問題 9.9

それぞれの直線の法線ベクトルは，$(1, 2)$, $(-1, 3)$ である．よって，2つの直線のなす角 θ は

$$\cos\theta = \dfrac{1 \cdot (-1) + 2 \cdot 3}{\sqrt{1^2 + 2^2}\sqrt{(-1)^2 + 3^2}} = \dfrac{1}{\sqrt{2}}$$

$\therefore\ \theta = 45°$

問題 10.1

〔1〕 $6 - 20 = -14$

〔2〕 $0 - (-1) = 1$

〔3〕 $3x - ax = (3-a)x$

問題 10.2

〔1〕 $x = -1$, $y = 2$

〔2〕 $x = 2$, $y = -1$

〔3〕 $x = \dfrac{1}{a^2+1}$, $y = \dfrac{a}{a^2+1}$

問題 11.1

〔1〕 $x = 3$, $y = -3$

〔2〕 $x = 2$, $y = 1$

問題 11.2

〔1〕 $\begin{pmatrix} 3+0 & 1+3 \\ -2+1 & 3-2 \end{pmatrix} = \begin{pmatrix} 3 & 4 \\ -1 & 1 \end{pmatrix}$

〔2〕 $\begin{pmatrix} 6-1 & -3-(-2) \\ 5-(-3) & 2-4 \end{pmatrix} = \begin{pmatrix} 5 & -1 \\ 8 & -2 \end{pmatrix}$

問題 11.3

$3(2A - 3B) - 2(-A - 2B)$
$= 6A - 9B + 2A + 4B = 8A - 5B$
$= 8\begin{pmatrix} 2 & 3 \\ 1 & 4 \end{pmatrix} - 5\begin{pmatrix} 1 & -1 \\ 2 & -2 \end{pmatrix}$
$= \begin{pmatrix} 16 & 24 \\ 8 & 32 \end{pmatrix} + \begin{pmatrix} -5 & 5 \\ -10 & 10 \end{pmatrix}$
$= \begin{pmatrix} 16-5 & 24+5 \\ 8-10 & 32+10 \end{pmatrix} = \begin{pmatrix} 11 & 29 \\ -2 & 42 \end{pmatrix}$

問題 11.4

〔1〕 2行2列の行列と2行1列の行列の積だから，計算可能である．

$\begin{pmatrix} 2 & 4 \\ 3 & 0 \end{pmatrix}\begin{pmatrix} -3 \\ 2 \end{pmatrix} = \begin{pmatrix} 2 \times (-3) + 4 \times 2 \\ 3 \times (-3) + 0 \times 2 \end{pmatrix} = \begin{pmatrix} 2 \\ -9 \end{pmatrix}$

〔2〕〔1〕の結果より，AB は2行1列の行列となり，これと2行2列の行列 C との積は計算不可能である．

問題 11.5

$A^2 = \begin{pmatrix} 1 & 2 \\ 3 & -4 \end{pmatrix}\begin{pmatrix} 1 & 2 \\ 3 & -4 \end{pmatrix}$
$= \begin{pmatrix} 1 \times 1 + 2 \times 3 & 1 \times 2 + 2 \times (-4) \\ 3 \times 1 + (-4) \times 3 & 3 \times 2 + (-4) \times (-4) \end{pmatrix}$
$= \begin{pmatrix} 7 & -6 \\ -9 & 22 \end{pmatrix}$

$A^3 = A^2 A = \begin{pmatrix} 7 & -6 \\ -9 & 22 \end{pmatrix}\begin{pmatrix} 1 & 2 \\ 3 & -4 \end{pmatrix} = \begin{pmatrix} -11 & 38 \\ 57 & -106 \end{pmatrix}$

問題 11.6

左辺を計算し，次のようにおくと

$$\begin{pmatrix} 0 & a+2b \\ 6 & 4a+5b \end{pmatrix} = \begin{pmatrix} c & -1 \\ d & 2 \end{pmatrix}$$

よって
$a=3,\ b=-2,\ c=0,\ d=6$

問題 11.7

〔1〕行列式 $|A| = \begin{vmatrix} 6 & 2 \\ 3 & 1 \end{vmatrix}$ を求めると，$6 \times 1 - 2 \times 3 = 0$

であるから，A の逆行列は存在しない．

〔2〕行列式は $|B| = \begin{vmatrix} 4 & 1 \\ -1 & 5 \end{vmatrix} = 4 \times 5 - 1 \times (-1) = 21 \neq 0$

であるから，B の逆行列は存在し

$$B^{-1} = \frac{1}{\begin{vmatrix} 4 & 1 \\ -1 & 5 \end{vmatrix}} \begin{pmatrix} 5 & -1 \\ 1 & 4 \end{pmatrix} = \begin{pmatrix} \frac{5}{21} & -\frac{1}{21} \\ \frac{1}{21} & \frac{4}{21} \end{pmatrix}$$

問題 11.8

行列式を Δ とおくと

$$\Delta = \begin{vmatrix} k-1 & 4 \\ 3 & k-2 \end{vmatrix} = k^2 - 3k - 10 = (k-5)(k+2)$$

逆行列が存在しないためには，$\Delta = 0$ であればよいから

$k = -2$ または 5

問題 11.9

連立方程式を行列で表すと

$$\begin{pmatrix} 5 & 3 \\ 2 & 1 \end{pmatrix} \begin{pmatrix} x \\ y \end{pmatrix} = \begin{pmatrix} 7 \\ 3 \end{pmatrix}$$

行列 $\begin{pmatrix} 5 & 3 \\ 2 & 1 \end{pmatrix}$ の逆行列は

$$\begin{pmatrix} -1 & 3 \\ 2 & -5 \end{pmatrix}$$

この行列を上式の両辺に左から掛けて

$$\begin{pmatrix} x \\ y \end{pmatrix} = \begin{pmatrix} -1 & 3 \\ 2 & -5 \end{pmatrix} \begin{pmatrix} 7 \\ 3 \end{pmatrix} = \begin{pmatrix} 2 \\ -1 \end{pmatrix}$$

よって
$x = 2,\ y = -1$

問題 12.1

1. 階級の個数 k を決める．データの個数 $t = 27$ より $k = 6$ とする．
2. 階級の幅 h を決める．データの中で，最大値は 185，最小値は 160 なので，$185 - 160 = 25$．よって，階級の幅は

$$h = \frac{25}{6} = 4.2$$

切り上げて，$h = 5$

3. 境界値を明確に決める（以上，未満など）．最初の階級の左端の値を決める．

$$最小値 - \frac{測定単位}{2} より$$

$$160 - \frac{1}{2} = 159.5$$

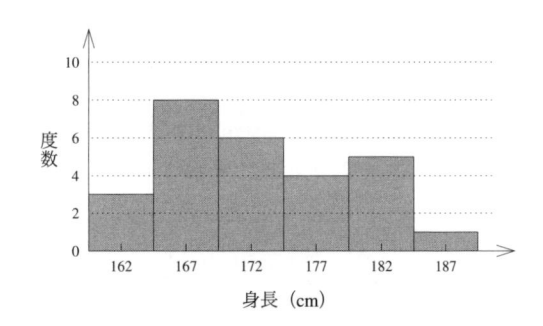

階　級	階級値 x_i	度数 f_i
以上　　未満		
159.5 〜 164.5	162	3
164.5 〜 169.5	167	8
169.5 〜 174.5	172	6
174.5 〜 179.5	177	4
179.5 〜 184.5	182	5
184.5 〜 189.5	187	1

問題 12.2

仮平均 $a = 42.0$，階級幅 $h = 13$ とし，$u_i = \dfrac{x_i - a}{h}$ を用いて，まず u_i の平均 $\bar{u}$ を求めるために，次のような表を作成する．

階　級	度数 f_i	階級値 x_i	u_i	$u_i f_i$
以上　　未満				
9.5 ～ 22.5	5	16.0	−2	−10
22.5 ～ 35.5	4	29.0	−1	−4
35.5 ～ 48.5	7	42.0	0	0
48.5 ～ 61.5	9	55.0	+1	9
61.5 ～ 74.5	4	68.0	+2	8
74.5 ～ 87.5	3	81.0	+3	9
合　計	32			12

$x_i = a + h \times u_i = 42.0 + 13 \times u_i$ から

$$\bar{x} = 42.0 + 13 \times \bar{u}$$

$$\bar{u} = \frac{1}{32}\sum_{i=1}^{6} u_i f_i = \frac{1}{32} \times 12$$

$$\bar{x} = 42.0 + 13 \times \frac{1}{32} \times 12 ≒ 46.9$$

問題 12.3

平均倍率 $r = \sqrt[4]{1.02 \times 1.01 \times 1.04 \times 1.03} ≒ 1.025$

問題 12.4

1 時間 (60 分) で加工できる部品数は

A は，$\dfrac{60}{4} = 15$　[個]

B は，$\dfrac{60}{2} = 30$　[個]

平均加工時間は

$$\frac{2 \times 60}{\left(\dfrac{60}{4} + \dfrac{60}{2}\right)} = 2\frac{2}{3} \ \ [分]$$

問題 12.5

仮平均を $a = 23$ とする．平均値 $\bar{x}$ は

$$\bar{x} = 23 + \frac{1}{10}\{(-1)+(-4)+1+0+4$$
$$+(-2)+2+(-3)+3+0\} = 23$$

次に

$$s^2 = \frac{1}{10}\sum_{i=1}^{10}(x_i - \bar{x})^2$$

から分散 s^2 は

$$s^2 = \frac{1}{10}\{(-1)^2+(-4)^2+1+0+4^2$$
$$+(-2)^2+2^2+(-3)^2+3^2+0\} = 6.0$$

標準偏差は

$$s = \sqrt{6.0} ≒ 2.45$$

問題 12.6

仮平均 $a = 42.0$，階級幅 $h = 13$ として，次のように $u_i = \dfrac{x_i - 42.0}{13}$ の表をつくる．

階　級	度数 f_i	階級値 x_i	u_i	$u_i f_i$	$u_i^2 f_i$
以上　　未満					
9.5 ～ 22.5	5	16.0	−2	−10	20
22.5 ～ 35.5	4	29.0	−1	−4	4
35.5 ～ 48.5	7	42.0	0	0	0
48.5 ～ 61.5	9	55.0	+1	+9	9
61.5 ～ 74.5	4	68.0	+2	+8	16
74.5 ～ 87.5	3	81.0	+3	+9	27
合　計	32			12	76

N は総度数で，$N = 32$，階級数 $n = 6$ であり

$$\bar{u} = \frac{1}{32}\sum_{i=1}^{6} u_i f_i = \frac{1}{32} \times 12$$

$$\bar{x} = 42.0 + h \times \bar{u} = 42.0 + 13 \times \frac{1}{32} \times 12 ≒ 46.9$$

$x_i = 42.0 + h \times u_i$ より

$$\bar{x} = 42.0 + h \times \bar{u}$$

となる．分散は

$$s^2 = 13^2\left(\frac{1}{32} \times 76 - \left(\frac{12}{32}\right)^2\right) = 13^2 \times \left(\frac{143}{64}\right) ≒ 377.6$$

標準偏差は

$$s = \sqrt{377.6} ≒ 19.4$$

問題 13.1

[1] $\overline{A} = \{6, 7, 8, 9\}$

[2] $\overline{B} = \{1, 3, 5, 7, 9\}$

[3] $A \cup B = \{1, 2, 3, 4, 5, 6, 8\}$

[4] $A \cap B = \{2, 4\}$

[5] $\overline{A \cup B} = \{7, 9\}$

[6] $A \cap \phi = A \cap \{\ \} = \{\ \} = \phi$

[7] $(A \cap B) \cup (\overline{A} \cap B) = \{2, 4, 6, 8\} = B$

[8] $A \cup (\overline{A} \cap B) = A \cup B = \{1, 2, 3, 4, 5, 6, 8\}$

問題 13.2

全体の人数 $n(U)=45$ 人は，次のように分けられる．A を物理，B を数学に合格した人数とする．

$$n(U) = n(A \cap \overline{B})$$
$$+ n(\overline{A} \cap B)$$
$$+ n(A \cap B)$$
$$+ n(\overline{A} \cap \overline{B})$$

ベン図で，両方に合格した人数を a とする．

$$45 = (22-a) + (16-a) + a + 15$$
$$a = n(A \cap B) = 8 \ [人]$$

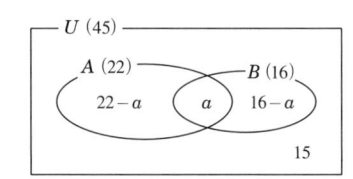

```
┌─ U (45) ──────────────────┐
│   A (22)    B (16)         │
│  ╱────╲ ╱────╲            │
│ │22-a │ a │16-a│           │
│  ╲────╱ ╲────╱            │
│                        15  │
└────────────────────────────┘
```

したがって

〔1〕 $n(A \cup B) = n(A) + n(B) - n(A \cap B)$
$\qquad = 22 + 16 - 8 = 30$ 〔人〕

〔2〕 $n(A \cap \overline{B}) = 22 - a = 22 - 8 = 14$ 〔人〕

問題 13.3

(1) 議長に男子が選ばれた場合
- 議長：男子 ── 4 通り
  ↓
- 書記：女子のみ ── 3 通り
  ↓
- 会計：残り 5 人 ── 5 通り

積の法則から，$4 \times 3 \times 5 = 60$ 通り

(2) 議長に女子が選ばれた場合
- 議長：女子 ── 3 通り
  ↓
- 書記：残り 6 人の男女が可能 ── 6 通り
  ↓
- 会計：残り 5 人 ── 5 通り

積の法則から，$3 \times 6 \times 5 = 90$ 通り

(1) と (2) は同時には起こらないので，求める場合の数は，和の法則より $60+90=150$〔通り〕となる．

問題 13.4

それぞれの切符には「A 駅から B 駅へ」と指定される．これは A と B の順列と考えられるので，10 の駅から 2 つの駅をとって並べればよい．

$${}_{10}P_2 = 10 \times 9 = 90$$

問題 13.5

〔1〕男子の委員の選び方は ${}_{23}C_2$ 通り，女子の委員の選び方は ${}_{20}C_2$ 通りである．よって，委員の選び方の数は

$${}_{23}C_2 \times {}_{20}C_2 = \frac{23 \cdot 22}{2 \cdot 1} \cdot \frac{20 \cdot 19}{2 \cdot 1} = 48070 \ [通り]$$

〔2〕男子と女子を合わせて 43 人から 4 人の委員を選ぶ選び方の数は ${}_{43}C_4$，また，4 人とも男子が委員である場合の数は ${}_{23}C_4$，よって，求める委員の選び方の数は

$${}_{43}C_4 - {}_{23}C_4 = 123410 - 8855 = 114555 \ [通り]$$

問題 14.1

事象 A と B が互いに排反事象のとき

$$P(A \cup B) = P(A) + P(B)$$

事象 A, B, C が互いに排反事象のとき

$$P(A \cup B \cup C) = P(A) + P(B) + P(C)$$

が成り立つ．これを用い，1 本のくじを引いたときに一等が当たる確率 $P(A)$，二等が当たる確率 $P(B)$，三等が当たる確率を $P(C)$ とおくと

〔1〕 $P(A \cup B) = P(A) + P(B) = \dfrac{2}{100} + \dfrac{10}{100} = \dfrac{12}{100}$

〔2〕 $P(A \cup B \cup C) = P(A) + P(B) + P(C)$
$\qquad = \dfrac{2}{100} + \dfrac{10}{100} + \dfrac{15}{100} = \dfrac{27}{100}$

問題 14.2

互いに独立な事象とする．

〔1〕A が的中させる確率は $\dfrac{4}{5}$，B がはずす確率は $\left(1-\dfrac{3}{4}\right)=\dfrac{1}{4}$，C がはずす確率は $\left(1-\dfrac{2}{3}\right)=\dfrac{1}{3}$ なので

$$P(A \cap \overline{B} \cap \overline{C}) = P(A) \times P(\overline{B}) \times P(\overline{C})$$
$$= \dfrac{4}{5} \times \dfrac{1}{4} \times \dfrac{1}{3} = \dfrac{1}{15}$$

〔2〕少なくとも 2 人が的中するという事象 A は，以下の 2 つの事象以外ということになる．

- 3 人全員がはずす確率

$$\frac{1}{5} \times \frac{1}{4} \times \frac{1}{3}$$

- 誰か 1 人だけが的中させる確率

A が的中：$\frac{4}{5} \times \frac{1}{4} \times \frac{1}{3}$

B が的中：$\frac{1}{5} \times \frac{3}{4} \times \frac{1}{3}$

C が的中：$\frac{1}{5} \times \frac{1}{4} \times \frac{2}{3}$

余事象の定理を用いて

$$1 - \left\{ \frac{1}{5} \times \frac{1}{4} \times \frac{1}{3} \right.$$
$$\left. + \left(\frac{4}{5} \times \frac{1}{4} \times \frac{1}{3} + \frac{1}{5} \times \frac{3}{4} \times \frac{1}{3} + \frac{1}{5} \times \frac{1}{4} \times \frac{2}{3} \right) \right\}$$
$$= 1 - \frac{10}{60} = \frac{5}{6}$$

問題 14.3

〔1〕A が当たる確率は $P(A) = \frac{3}{20}$，さらに B も当たる確率は $P(B) = \frac{2}{19}$ なので

$$P(A \cap B) = P(A) \times P(B) = \frac{3}{20} \times \frac{2}{19} = \frac{3}{190}$$

〔2〕A がはずれる確率は

$$P(\overline{A}) = 1 - P(A) = 1 - \frac{3}{20} = \frac{17}{20}$$

B が当たる確率は

$$P(B) = \frac{3}{19}$$

よって

$$P(\overline{A} \cap B) = P(\overline{A}) \times P(B) = \frac{17}{20} \times \frac{3}{19} = \frac{51}{380}$$

問題 14.4

2 つの場合に分けて調べる．

(1) 保険に加入しない場合

利益 $X = r$ の期待値は，下表より

$$E(X) = 10 \times 0.6 + 8 \times 0.2 + 4 \times 0.2$$
$$= 8.4 \ [万円]$$

利益 $X = r$	10	8	4	計
確率 $P(X = r)$	0.6	0.2	0.2	1.0

(2) 保険に加入する場合

晴雨にかかわらず，毎日 5,000 円ずつ払う分だけ利益は減る．また，雨の日には 3 万円の保険金が受け取れる．これより

$$E(X) = 9.5 \times 0.6 + 7.5 \times 0.2 + 6.5 \times 0.2$$
$$= 8.5 \ [万円]$$

利益 $X = r$	9.5	7.5	6.5	計
確率 $P(X = r)$	0.6	0.2	0.2	1.0

よって，保険に加入したほうが有利だといえる．

資料集

ギリシャ文字とその読み方

ギリシャ文字		英語表記	読み方	対応するアルファベット	
大文字	小文字			大文字	小文字
A	α	alpha	アルファ	A	a
B	β	béta	ベータ	B	b
Γ	γ	gamma	ガンマ	G	g
Δ	δ	delta	デルタ	D	d
E	ε	epsilon	イプシロン，エプシロン	E	e
Z	ζ	zéta	ジータ，ゼータ	Z	z
H	η	éta	イータ，エータ	H	h
Θ	θ	théta	シータ，テータ	Q	q
I	ι	iota	イオタ	I	i
K	κ	kappa	カッパ	K	k
Λ	λ	lambda	ラムダ	L	l
M	μ	mu	ミュー	M	m
N	ν	nu	ニュー	N	n
Ξ	ξ	xi	クシー，クサイ	X	x
O	o	omicron	オミクロン	O	o
Π	π	pi	パイ	P	p
P	ρ	rhò	ロー	R	r
Σ	σ	sigma	シグマ	S	s
T	τ	tau	タウ	T	t
Y	υ	upsilon	ウプシロン，ユプシロン	U	u
Φ	φ	phi	ファイ	F	f
X	χ	chi	カイ	C	c
Ψ	ψ	psi	プサイ，プシー	Y	y
Ω	ω	oméga	オメガ	W	w

数学記号

[1] 定数

記号・用例	説明
π	円周率：$3.14159\cdots$
e	自然対数の底：$2.718\cdots$
i	虚数単位：$\sqrt{-1}$

[2] 数と式（関係式）

記号・用例	説明
$a = b$	a と b は等しい　【読み】a イコール（equal）b
$a \fallingdotseq b,\ a \approx b$	a と b はほとんど等しい　【読み】a ニアリーイコール（nearly equal）b
$a \neq b$	a と b は等しくない　【読み】a ノットイコール（not equal）b
$f(x) \equiv g(x)$	数式 $f(x)$ と数式 $g(x)$ が恒等的に等しい
$a < b$	a は b より小さい
$a > b$	a は b より大きい
$a \leqq b$	a は b 以下　【読み】a 小なりイコール b
$a \geqq b$	a は b 以上　【読み】a 大なりイコール b
$a << b$	a は b より非常に小さい
$a >> b$	a は b より非常に大きい
$\lvert a \rvert$	a の絶対値（$a \geqq b$ ならば $\lvert a \rvert = a$，$a < b$ ならば $\lvert a \rvert = -a$）
$x \propto y$	x は y に比例する
$\sqrt{a}$	平方根　【読み】ルート（root）a
$\sqrt[n]{a}$	n 乗根（$n = 3$ のときは 3 乗根）　【読み】n 乗根 a
$\mathrm{Re}(z)$	複素数 z の実部（Re は real part の略）
$\mathrm{Im}(z)$	複素数 z の虚部（Im は imaginary part の略）
$\bar{z}$	複素数 z の複素共役　【読み】z バー（bar）
$\arg(z)$	複素数 z の偏角（arg は argument の略）
$[x]$	正の実数 x の整数部分（ガウスの記号）
$n!$	n の階乗　【読み】n ファクトリアル（factorial）

[3] 数と式（演算）

記号・用例	説　明
$+$	加える，正　【読み】加算 $a+b$：a プラス（plus）b
$-$	引く，負　【読み】減算 $a-b$：a マイナス（minus）b
$a \times b$, $a \cdot b$, ab	乗算　【読み】a 掛ける b
$a \div b$, a/b, $\dfrac{a}{b}$	除算　【読み】a 割る b
$a:b$	a の b に対する比　【読み】a 対 b
( ) { } [ ]	小(丸)，中(波)，大(角)括弧（演算の順序）　【読み】( ) はパーレン（parentheses），{ } はブレース（braces），[ ] はブラケット（brackets）

[4] 関数

記号・用例	説　明
$f(x)$	x の関数（f は function の頭文字）
$f^{-1}(x)$	逆関数　【読み】f インバース（inverse）x
$\sin x$	正弦関数　【読み】サイン（sine）x
$\cos x$	余弦関数　【読み】コサイン（cosine）x
$\tan x$	正接関数　【読み】タンジェント（tangent）x
$\operatorname{cosec} x$, $\csc x$	余割関数　【読み】コセカント（cosecant）x
$\sec x$	正割関数　【読み】セカント（secant）x
$\cot x$	余接関数　【読み】コタンジェント（cotangent）x
$\sin^{-1} x$	逆正弦関数　【読み】アークサイン（arc sine）x
$\cos^{-1} x$	逆余弦関数　【読み】アークコサイン（arc cosine）x
$\tan^{-1} x$	逆正接関数　【読み】アークタンジェント（arc tangent）x
$\sinh x$	双曲線正弦関数　【読み】ハイパボリックサイン（hyperbolic sine）x
$\cosh x$	双曲線余弦関数　【読み】ハイパボリックコサイン（hyperbolic cosine）x
$\tanh x$	双曲線正接関数　【読み】ハイパボリックタンジェント（hyperbolic tangent）x
$\log_a x$	a を底とする x の対数関数（log は logarithm の略）　【読み】ログ a, x
$\log_e x$	e を底とする x の対数関数　【読み】ログ e, x
$\ln x$	自然対数（ln はラテン語 logarithmus naturalis の略）
$\log_{10} x$	常用対数（単に $\log x$ とも書く）
a^x	a を底とする指数関数
e^x, $\exp x$	e を底とする指数関数　【読み】エクスポーネンシャル（exponential）x

[5] 数列・極限

記号・用例	説明
$\{a_n\}$	数列
$\displaystyle\sum_{n=1}^{\infty} a_n$	無限級数　【読み】シグマ（sigma）　$n=1$ から ∞ まで a_n
$\displaystyle\lim_{n\to\infty} a_n$	数列の極限　【読み】リミット（limit）　n が ∞ に近づくときの a_n
$a_n \to \alpha$	$\{a_n\}$ は α に収束する
$+\infty$	正の無限大（限りなく大きくなる状態を表す記号），単に ∞ とも書く
$-\infty$	負の無限大（限りなく小さくなる状態を表す記号）

[6] 微分・積分

記号・用例	説明
Δx	x の増分　【読み】デルタ（delta）　x
$\displaystyle\lim_{x\to a+0} f(x)$	x が a に近づくときの $f(x)$ の右極限値 【読み】リミット（limit）　x が大きいほうから a に近づくときの $f(x)$
$\displaystyle\lim_{x\to a-0} f(x)$	x が a に近づくときの $f(x)$ の左極限値 【読み】リミット　x が小さいほうから a に近づくときの $f(x)$
$\dfrac{dy}{dx}$	関数 $y=f(x)$ の導関数　【読み】ディワイ・ディエックス
$\dfrac{d^n y}{dx^n}$	関数 $y=f(x)$ の n 次導関数
$y',\ f'(x)$	関数 $y=f(x)$ の導関数　【読み】ワイプライム（prime），エフプライム x
$\dot{x} = \dfrac{dx}{dt}$	時間（t）に関する 1 次導関数（ニュートンの記法）　【読み】x ドット（dot）
$\ddot{x} = \dfrac{d^2 x}{dt^2}$	時間（t）に関する 2 次導関数　【読み】x トゥードット（two dot）
$\dfrac{\partial z}{\partial x}$	偏導関数　【読み】ラウンド（round）d ゼット・ラウンド d エックス
$\operatorname{grad}\varphi$	勾配，傾き　【読み】グラディエント（gradient）　φ
$\operatorname{rot}\alpha$	ベクトル α の回転　【読み】ローテーション（rotation）　α
$\operatorname{div}\alpha$	ベクトル α の発散　【読み】ダイバージェンス（divergence）　α
$\displaystyle\int f(x)\,dx$	不定積分（$\int$ はラテン語 summa の S を延ばしたものといわれる） 【読み】インテグラル（integral）エフエックス・ディエックス
$\displaystyle\int_a^b f(x)\,dx$	関数 f の定積分 【読み】インテグラル a から b までエフエックス・ディエックス
$\displaystyle\iint_D f(x,y)\,dx\,dy$	領域 D における $f(x,y)$ の二重積分
$\displaystyle\oint_c f(z)\,dz$	閉曲線 c に沿う線積分

記号・用例	説 明
C	積分定数（C は constant の頭文字）
(a, b)	開区間：$a < x < b$
$[a, b]$	閉区間：$a \leq x \leq b$
$[a, b)$	右半開区間：$a \leq x < b$
$(a, b]$	左半開区間：$a < x \leq b$

[7] 集合・論理

記号・用例	説 明
N	自然数全体の集合（N は natural number の頭文字）
Z	整数全体の集合（Z はドイツ語 zahlen の頭文字）
Q	有理数全体の集合（Q は quotient の頭文字）
R	実数全体の集合（R は real number の頭文字）
C	複素数全体の集合（C は complex number の頭文字）
$a \in A$	a は集合 A の要素である　【読み】a は A に属する
$a \notin A$	a は集合 A の要素でない　【読み】a は A に属さない
$n(A)$	集合 A の要素の個数
$A \subset B,\ B \supset A$	A は B の部分集合（$A \subseteq B$ と書くこともある）　【読み】A は B に含まれる
$A \subsetneq B,\ B \supsetneq A$	A は B の真部分集合（$A \subset B$ と書くこともある）
ϕ	空集合
$A \cup B$	A と B の和集合　【読み】A カップ（cup）B，A と B の結び
$A \cap B$	A と B の共通部分　【読み】A キャップ（cap）B，A と B の交わり
$A^c,\ \overline{A}$	A の補集合（c は complement の頭文字）
$A - B$	A, B の差集合
$A \times B$	A, B の直積集合
$\{x \mid p(x)\}$	$p(x)$ が成り立つような x 全体の集合　【読み】$p(x)$ を満たす集合
$f : A \to B$	集合 A から B への写像
${}_n\mathrm{P}_r$	n 個のものから r 個をとる順列の数 【読み】パーミュテーション（permutation）n, r
${}_n\mathrm{C}_r$	n 個のものから r 個をとる組合せの数 【読み】コンビネーション（combination）n, r
${}_n\mathrm{H}_r$	重複組合せ
${}_n\Pi_r$	重複順列
$P \Rightarrow Q$	P ならば Q
$P \Leftrightarrow Q$	P と Q は同値

記号・用例	説 明
$\neg P, \overline{P}$	P の否定
$\therefore$	ゆえに
$\because$	なぜならば
$\forall x\, p(x)$	全称記号（∀ は any の頭文字 A を逆さにしたもの） 【読み】すべての x に対して $p(x)$ が成り立つ
$\exists x\, p(x)$	存在記号（∃ は exist の頭文字 E を逆さにしたもの） 【読み】$p(x)$ が成り立つような x が存在する
$P \lor Q$	P または Q
$P \land Q$	P および Q，P かつ Q
Q.E.D.	「証明終わり」の記号（ラテン語 quod erat demonstrandum の略）

[8] 幾何

記号・用例	説 明
$\triangle \mathrm{ABC}$	三角形 ABC
$\square$	平行四辺形
$\triangle \mathrm{ABC} \equiv \triangle \mathrm{DEF}$	三角形 ABC は DEF と合同
$\triangle \mathrm{ABC} \backsim \triangle \mathrm{DEF}$	三角形 ABC は DEF と相似
$l \perp l'$	直線 l は l' に垂直
$l \parallel l'$	直線 l は l' に平行
$\angle \mathrm{ABC}$	半直線 BA と BC のなす角
$\angle \mathrm{B}$	B を頂点とする角
$\angle \mathrm{R}$	直角（R は right angle の頭文字）
$\overset{\frown}{\mathrm{AB}}$	弧 AB
$\overline{\mathrm{AB}}$	線分 AB

[9] 代数

記号・用例	説 明
G.C.M.	最大公約数（greatest common measure の略）
L.C.M.	最小公倍数（least common multiple の略）
max	最大値（maximum の略）
min	最小値（minimum の略）
$\displaystyle\sum_{i=1}^{n} a_i$	総和記号
$\displaystyle\prod_{i=1}^{n} a_i$	乗積記号

記号・用例	説　明
$\vec{e_1}, \vec{e_2}$	基本ベクトル
i, j, k	直交座標系の x, y, z 軸の正方向の単位ベクトル
$\overrightarrow{AB}$	始点 A，終点 B のベクトル
$\vec{a}$	ベクトル a
$|\vec{a}|$	ベクトル a の大きさ
$\vec{0}$	零ベクトル，ゼロ（zero）ベクトル
$\vec{a} /\!/ \vec{b}$	ベクトル a, b は平行
$\vec{a} \perp \vec{b}$	ベクトル a, b は垂直
$\vec{a} \cdot \vec{b}$	ベクトルの内積，スカラー積，ドット積　【読み】$\vec{a}$ ドット $\vec{b}$
$\vec{a} \times \vec{b}$	ベクトルの外積，ベクトル積，クロス積　【読み】$\vec{a}$ クロス $\vec{b}$
A^{-1}	A の逆行列
${}^t A, A^t$	転置行列（t は transposed matrix の頭文字）
$\det A$	行列 A の行列式（det は determinant の略）　【読み】デターミナント A
O	零行列，ゼロ行列

[10] 確率・統計

記号・用例	説　明
$P(E)$	事象 E の起こる確率（P は probability の頭文字）
$P(B|A)$　$P_A(B)$	条件 A における事象 B の確率（条件付き確率）
$E(X)$	確率変数 X の期待値（E は expectation の頭文字）
$V(X)$	確率変数 X の分散（V は variance の頭文字）
$\sigma(X)$	確率変数 X の標準偏差
r	相関係数
$B(n, p)$	二項分布（B は binomial distribution の頭文字）
$N(m, \sigma^2)$	正規分布（N は normal distribution の頭文字）
$\bar{x}$	標本平均
s^2	標本分散
s	標本標準偏差
Me	中央値（メジアン median）
Mo	最頻値（モード mode）

数学公式

[1] 数と式の計算

1.1 平方根の計算の規則

$a > 0,\ b > 0$ のとき

1) $\left(\sqrt{a}\right)^2 = a$
2) $\sqrt{a}\sqrt{b} = \sqrt{ab}$
3) $\dfrac{\sqrt{b}}{\sqrt{a}} = \sqrt{\dfrac{b}{a}}$
4) $\sqrt{a^2 b} = a\sqrt{b}$

1.2 累乗根の性質

$a > 0,\ b > 0$ で，m, n, p が正の整数のとき

1) $\sqrt[n]{a}\sqrt[n]{b} = \sqrt[n]{ab}$
2) $\dfrac{\sqrt[n]{a}}{\sqrt[n]{b}} = \sqrt[n]{\dfrac{a}{b}}$
3) $\left(\sqrt[n]{a}\right)^m = \sqrt[n]{a^m}$
4) $\sqrt[m]{\sqrt[n]{a}} = \sqrt[n]{\sqrt[m]{a}} = \sqrt[mn]{a}$
5) $\sqrt[n]{a^m} = \sqrt[np]{a^{mp}}$

1.3 指数法則

$a \neq 0,\ b \neq 0,\ m, n$ を任意の実数とするとき

1) $a^m \times a^n = a^{m+n}$
2) $a^m \div a^n = \dfrac{a^m}{a^n} = a^{m-n}$
3) $\left(a^m\right)^n = a^{mn}$
4) $(ab)^n = a^n b^n$
5) $\left(\dfrac{a}{b}\right)^n = \dfrac{a^n}{b^n}$
6) $a^0 = 1,\ a^{-n} = \dfrac{1}{a^n}$

分数の指数

$a > 0$ で，m が整数，n が正の整数のとき

$$a^{\frac{m}{n}} = \sqrt[n]{a^m} = \left(\sqrt[n]{a}\right)^m$$

であり，特に

$$a^{\frac{1}{n}} = \sqrt[n]{a}$$

1.4 対数の性質

$a > 0,\ a \neq 1$ で，$m > 0,\ n > 0$ のとき

1) $\log_a(mn) = \log_a m + \log_a n$
2) $\log_a\left(\dfrac{m}{n}\right) = \log_a m - \log_a n$，特に $\log_a \dfrac{1}{n} = -\log_a n$
3) $\log_a m^x = x \log_a m$

また，$a > 0,\ a \neq 1,\ b > 0,\ c > 0\ (c \neq 1)$ のとき

4) $\log_a b = \dfrac{\log_c b}{\log_c a}$ 　（底変換公式）

1.5 複素数の四則演算

1) 加法 $(a+bi)+(c+di) = (a+c)+(b+d)i$
2) 減法 $(a+bi)-(c+di) = (a-c)+(b-d)i$
3) 乗法 $(a+bi)(c+di) = (ac-bd)+(ad+bc)i$
4) 除法 $\dfrac{a+bi}{c+di} = \dfrac{(a+bi)(c-di)}{(c+di)(c-di)}$
   $= \dfrac{ac+bd}{c^2+d^2} + \dfrac{bc-ad}{c^2+d^2} i$ 　$(c+di \neq 0)$

1.6 展開公式

1) $(a \pm b)^2 = a^2 \pm 2ab + b^2$ 　（複号同順）
2) $(a \pm b)^3 = a^3 \pm 3a^2 b + 3ab^2 \pm b^3$ 　（複号同順）
3) $(a+b)(a-b) = a^2 - b^2$
4) $(x+a)(x+b) = x^2 + (a+b)x + ab$
5) $(ax+b)(cx+d) = acx^2 + (ad+bc)x + bd$
6) $(a+b+c)^2 = a^2 + b^2 + c^2 + 2ab + 2bc + 2ac$
7) $(x+a)(x+b)(x+c)$
   $= x^3 + (a+b+c)x^2 + (bc+ca+ab)x + abc$
8) $(a \pm b)(a^2 \mp ab + b^2) = a^3 \pm b^3$ 　（複号同順）

1.7 因数分解の公式

1) $ma + mb = m(a+b)$
2) $a^2 \pm 2ab + b^2 = (a \pm b)^2$ 　（複号同順）
3) $a^2 - b^2 = (a+b)(a-b)$
4) $x^2 + (a+b)x + ab = (x+a)(x+b)$
5) $acx^2 + (ad+bc)x + bd = (ax+b)(cx+d)$
6) $a^3 \pm b^3 = (a \pm b)(a^2 \mp ab + b^2)$ 　（複号同順）
7) $a^3 \pm 3a^2 b + 3ab^2 \pm b^3 = (a \pm b)^3$ 　（複号同順）
8) $a^2 + b^2 + c^2 + 2ab + 2bc + 2ca = (a+b+c)^2$

[2] 三角関数

2.1 相互関係

$$\tan x = \frac{\sin x}{\cos x}$$

$$\sin^2 x + \cos^2 x = 1$$

$$1 + \tan^2 x = \frac{1}{\cos^2 x} = \sec^2 x$$

2.2 角の変換

$$\sin(-x) = -\sin x$$

$$\cos(-x) = \cos x$$

$$\tan(-x) = -\tan x$$

$$\sin\left(x + \frac{\pi}{2}\right) = \cos x$$

$$\cos\left(x + \frac{\pi}{2}\right) = -\sin x$$

$$\tan\left(x + \frac{\pi}{2}\right) = -\frac{1}{\tan x} = -\cot x$$

$$\sin(x + \pi) = -\sin x$$

$$\cos(x + \pi) = -\cos x$$

$$\tan(x + \pi) = \tan x$$

$$\sin(x + 2n\pi) = \sin x$$

$$\cos(x + 2n\pi) = \cos x$$

$$\tan(x + 2n\pi) = \tan x$$

2.3 加法定理

$$\sin(\alpha \pm \beta) = \sin\alpha\cos\beta \pm \cos\alpha\sin\beta \quad \text{(複号同順)}$$

$$\cos(\alpha \pm \beta) = \cos\alpha\cos\beta \mp \sin\alpha\sin\beta \quad \text{(複号同順)}$$

$$\tan(\alpha \pm \beta) = \frac{\tan\alpha \pm \tan\beta}{1 \mp \tan\alpha\tan\beta} \quad \text{(複号同順)}$$

2.4 倍角公式

$$\sin 2\alpha = 2\sin\alpha\cos\alpha$$

$$\cos 2\alpha = \cos^2\alpha - \sin^2\alpha$$
$$= 1 - 2\sin^2\alpha$$
$$= 2\cos^2\alpha - 1$$

$$\tan 2\alpha = \frac{2\tan\alpha}{1 - \tan^2\alpha}$$

2.5 半角公式

$$\sin^2\frac{\alpha}{2} = \frac{1 - \cos\alpha}{2}$$

$$\cos^2\frac{\alpha}{2} = \frac{1 + \cos\alpha}{2}$$

$$\tan^2\frac{\alpha}{2} = \frac{1 - \cos\alpha}{1 + \cos\alpha}$$

2.6 和・差を積になおす公式

$$\sin\alpha + \sin\beta = 2\sin\frac{\alpha + \beta}{2}\cos\frac{\alpha - \beta}{2}$$

$$\sin\alpha - \sin\beta = 2\cos\frac{\alpha + \beta}{2}\sin\frac{\alpha - \beta}{2}$$

$$\cos\alpha + \cos\beta = 2\cos\frac{\alpha + \beta}{2}\cos\frac{\alpha - \beta}{2}$$

$$\cos\alpha - \cos\beta = -2\sin\frac{\alpha + \beta}{2}\sin\frac{\alpha - \beta}{2}$$

2.7 積を和になおす公式

$$\sin\alpha\cos\beta = \frac{1}{2}\{\sin(\alpha + \beta) + \sin(\alpha - \beta)\}$$

$$\cos\alpha\sin\beta = \frac{1}{2}\{\sin(\alpha + \beta) - \sin(\alpha - \beta)\}$$

$$\cos\alpha\cos\beta = \frac{1}{2}\{\cos(\alpha + \beta) + \cos(\alpha - \beta)\}$$

$$\sin\alpha\sin\beta = -\frac{1}{2}\{\cos(\alpha + \beta) - \cos(\alpha - \beta)\}$$

[3] 数列

3.1 等差数列

初項 a，公差 d の等差数列の一般項 a_n は

$$a_n = a + (n-1)d$$

初項 a，公差 d，項数 n，末項 l の等差数列の初項から第 n 項までの和 S_n は

$$S_n = \frac{1}{2}n(a + l) = \frac{1}{2}n\{2a + (n-1)d\}$$

3.2 等比数列

初項 a，公比 r の等比数列の一般項 a_n は

$$a_n = ar^{n-1}$$

初項 a，公比 r の等比数列の初項から第 n 項までの和 S_n は

- $r \neq 1$ のとき，$S_n = \dfrac{a(r^n - 1)}{r - 1} = \dfrac{a(1 - r^n)}{1 - r}$
- $r = 1$ のとき，$S_n = na$

3.3 $\sum$ 記号の性質

1) $\displaystyle\sum_{k=1}^{n} a = na$

2) $\displaystyle\sum_{k=1}^{n} ak = a\sum_{k=1}^{n} k$

3) $\displaystyle\sum_{k=1}^{n} (x_k + y_k) = \sum_{k=1}^{n} x_k + \sum_{k=1}^{n} y_k$

3.4 いろいろな数列の和

$$\sum_{k=1}^{n} k = 1 + 2 + 3 + \cdots + n = \frac{1}{2}n(n+1)$$

$$\sum_{k=1}^{n} k^2 = 1^2 + 2^2 + 3^2 + \cdots + n^2 = \frac{1}{6}n(n+1)(2n+1)$$

$$\sum_{k=1}^{n} k^3 = 1^3 + 2^3 + 3^3 + \cdots + n^3$$
$$= \frac{1}{4}n^2(n+1)^2 = \left\{\frac{1}{2}n(n+1)\right\}^2$$

$$\sum_{k=1}^{n} k(k+1) = 1\cdot 2 + 2\cdot 3 + 3\cdot 4 + \cdots + n(n+1)$$
$$= \frac{1}{3}n(n+1)(n+2)$$

$$\sum_{k=1}^{n} k(k+1)(k+2)$$
$$= 1\cdot 2\cdot 3 + 2\cdot 3\cdot 4 + 3\cdot 4\cdot 5 + \cdots$$
$$+ n(n+1)(n+2)$$
$$= \frac{1}{4}n(n+1)(n+2)(n+3)$$

[4] 微分法

4.1 定数倍・和・差・積・商の微分法の公式

1) $\{kf(x)\}' = kf'(x)$ (k は定数)

2) $\{f(x) \pm g(x)\}' = f'(x) \pm g'(x)$ (複号同順)

3) $\{f(x) \cdot g(x)\}' = f'(x) \cdot g(x) + f(x) \cdot g'(x)$

4) $\left\{\dfrac{g(x)}{f(x)}\right\}' = \dfrac{g'(x)\cdot f(x) - g(x)\cdot f'(x)}{\{f(x)\}^2}$ ($f(x) \neq 0$)

4.2 基本的な関数の導関数

関数	導関数
x^n	nx^{n-1}
$\sqrt{x}$	$\dfrac{1}{2\sqrt{x}}$
e^x	e^x
a^x ($a > 0$, $a \neq 1$)	$a^x \log_e a$
$\log_e x$	$\dfrac{1}{x}$
$\log_a x$	$\dfrac{1}{x \log_e a}$
x^x ($x > 0$, $x \neq 1$)	$x^x(1 + \log_e x)$
$\sin x$	$\cos x$
$\cos x$	$-\sin x$
$\tan x$	$\dfrac{1}{\cos^2 x} = \sec^2 x$
$\cot x$	$-\csc^2 x$
$\sec x$	$\sec x \tan x$
$\csc x$	$-\csc x \cot x$

[5] 積分法

5.1 定積分の性質

1) $\displaystyle\int_a^a f(x)\,dx = 0$

2) $\displaystyle\int_a^b f(x)\,dx = -\int_b^a f(x)\,dx$

3) $\displaystyle\int_a^b kf(x)\,dx = k\int_a^b f(x)\,dx$ (k は定数)

4) $\displaystyle\int_a^b f(x)\,dx + \int_b^c f(x)\,dx = \int_a^c f(x)\,dx$

5) $\displaystyle\int_a^b \{f(x)\,dx \pm g(x)\,dx\} = \int_a^b f(x)\,dx \pm \int_a^b g(x)\,dx$
(複号同順)

定積分と微分との関係

$$\frac{d}{dx}\int_a^x f(t)\,dt = f(x) \quad (a \text{ は定数})$$

5.2 基本的な関数の不定積分

関数	不定積分
$\dfrac{1}{x}$	$\log_e |x| + C$
e^x	$e^x + C$
a^x	$\dfrac{a^x}{\log_e a} + C$
e^{ax}	$\dfrac{1}{a}e^{ax} + C$ ($a \neq 0$)
$\log_e x$	$x(\log_e x - 1) + C$
$\sin x$	$-\cos x + C$
$\cos x$	$\sin x + C$
$\sec^2 x$	$\tan x + C$
$\csc^2 x$	$-\cot x + C$
$\tan x$	$-\log_e |\cos x| + C$
$\cot x$	$\log_e |\sin x| + C$
$\dfrac{f'(x)}{f(x)}$	$\log_e |f(x)| + C$
$f(x) \cdot g'(x)$	$f(x)g(x) - \displaystyle\int f'(x)g(x)\,dx$

平方・平方根・逆数

n	n^2	$\sqrt{n}$	$\sqrt{10n}$	$1/n$	n	n^2	$\sqrt{n}$	$\sqrt{10n}$	$1/n$
1	1	1.0000	3.1623	1.0000	51	2601	7.1414	22.5832	0.0196
2	4	1.4142	4.4721	0.5000	52	2704	7.2111	22.8035	0.0192
3	9	1.7321	5.4772	0.3333	53	2809	7.2801	23.0217	0.0189
4	16	2.0000	6.3246	0.2500	54	2916	7.3485	23.2379	0.0185
5	25	2.2361	7.0711	0.2000	55	3025	7.4162	23.4521	0.0182
6	36	2.4495	7.7460	0.1667	56	3136	7.4833	23.6643	0.0179
7	49	2.6458	8.3666	0.1429	57	3249	7.5498	23.8747	0.0175
8	64	2.8284	8.9443	0.1250	58	3364	7.6158	24.0832	0.0172
9	81	3.0000	9.4868	0.1111	59	3481	7.6811	24.2899	0.0169
10	100	3.1623	10.0000	0.1000	60	3600	7.7460	24.4949	0.0167
11	121	3.3166	10.4881	0.0909	61	3721	7.8102	24.6982	0.0164
12	144	3.4641	10.9545	0.0833	62	3844	7.8740	24.8998	0.0161
13	169	3.6056	11.4018	0.0769	63	3969	7.9373	25.0998	0.0159
14	196	3.7417	11.8322	0.0714	64	4096	8.0000	25.2982	0.0156
15	225	3.8730	12.2474	0.0667	65	4225	8.0623	25.4951	0.0154
16	256	4.0000	12.6491	0.0625	66	4356	8.1240	25.6905	0.0152
17	289	4.1231	13.0384	0.0588	67	4489	8.1854	25.8844	0.0149
18	324	4.2426	13.4164	0.0556	68	4624	8.2462	26.0768	0.0147
19	361	4.3589	13.7840	0.0526	69	4761	8.3066	26.2679	0.0145
20	400	4.4721	14.1421	0.0500	70	4900	8.3666	26.4575	0.0143
21	441	4.5826	14.4914	0.0476	71	5041	8.4261	26.6458	0.0141
22	484	4.6904	14.8324	0.0455	72	5184	8.4853	26.8328	0.0139
23	529	4.7958	15.1658	0.0435	73	5329	8.5440	27.0185	0.0137
24	576	4.8990	15.4919	0.0417	74	5476	8.6023	27.2029	0.0135
25	625	5.0000	15.8114	0.0400	75	5625	8.6603	27.3861	0.0133
26	676	5.0990	16.1245	0.0385	76	5776	8.7178	27.5681	0.0132
27	729	5.1962	16.4317	0.0370	77	5929	8.7750	27.7489	0.0130
28	784	5.2915	16.7332	0.0357	78	6084	8.8318	27.9285	0.0128
29	841	5.3852	17.0294	0.0345	79	6241	8.8882	28.1069	0.0127
30	900	5.4772	17.3205	0.0333	80	6400	8.9443	28.2843	0.0125
31	961	5.5678	17.6068	0.0323	81	6561	9.0000	28.4605	0.0123
32	1024	5.6569	17.8885	0.0313	82	6724	9.0554	28.6356	0.0122
33	1089	5.7446	18.1659	0.0303	83	6889	9.1104	28.8097	0.0120
34	1156	5.8310	18.4391	0.0294	84	7056	9.1652	28.9828	0.0119
35	1225	5.9161	18.7083	0.0286	85	7225	9.2195	29.1548	0.0118
36	1296	6.0000	18.9737	0.0278	86	7396	9.2736	29.3258	0.0116
37	1369	6.0828	19.2354	0.0270	87	7569	9.3274	29.4958	0.0115
38	1444	6.1644	19.4936	0.0263	88	7744	9.3808	29.6648	0.0114
39	1521	6.2450	19.7484	0.0256	89	7921	9.4340	29.8329	0.0112
40	1600	6.3246	20.0000	0.0250	90	8100	9.4868	30.0000	0.0111
41	1681	6.4031	20.2485	0.0244	91	8281	9.5394	30.1662	0.0110
42	1764	6.4807	20.4939	0.0238	92	8464	9.5917	30.3315	0.0109
43	1849	6.5574	20.7364	0.0233	93	8649	9.6437	30.4959	0.0108
44	1936	6.6332	20.9762	0.0277	94	8836	9.6954	30.6594	0.0106
45	2025	6.7082	21.2132	0.0222	95	9025	9.7468	30.8221	0.0105
46	2116	6.7823	21.4476	0.0217	96	9216	9.7980	30.9839	0.0104
47	2209	6.8557	21.6795	0.0213	97	9409	9.8489	31.1448	0.0103
48	2304	6.9282	21.9089	0.0208	98	9604	9.8995	31.3050	0.0102
49	2401	7.0000	22.1359	0.0204	99	9801	9.9499	31.4643	0.0101
50	2500	7.0711	22.3607	0.0200	100	10000	10.0000	31.6228	0.0100

常用対数表

	0	1	2	3	4	5	6	7	8	9
1.0	.0000	.0043	.0086	.0128	.0170	.0212	.0253	.0294	.0334	.0374
1.1	.0414	.0453	.0492	.0531	.0569	.0607	.0645	.0682	.0719	.0755
1.2	.0792	.0828	.0864	.0899	.0934	.0969	.1004	.1038	.1072	.1106
1.3	.1139	.1173	.1206	.1239	.1271	.1303	.1335	.1367	.1399	.1430
1.4	.1461	.1492	.1523	.1553	.1584	.1614	.1644	.1673	.1703	.1732
1.5	.1761	.1790	.1818	.1847	.1875	.1903	.1931	.1959	.1987	.2014
1.6	.2041	.2068	.2095	.2122	.2148	.2175	.2201	.2227	.2253	.2279
1.7	.2304	.2330	.2355	.2380	.2405	.2430	.2455	.2480	.2504	.2529
1.8	.2553	.2577	.2601	.2625	.2648	.2672	.2695	.2718	.2742	.2765
1.9	.2788	.2810	.2833	.2856	.2878	.2900	.2923	.2945	.2967	.2989
2.0	.3010	.3032	.3054	.3075	.3096	.3118	.3139	.3160	.3181	.3201
2.1	.3222	.3243	.3263	.3284	.3304	.3324	.3345	.3365	.3385	.3404
2.2	.3424	.3444	.3464	.3483	.3502	.3522	.3541	.3560	.3579	.3598
2.3	.3617	.3636	.3655	.3674	.3692	.3711	.3729	.3747	.3766	.3784
2.4	.3802	.3820	.3838	.3856	.3874	.3892	.3909	.3927	.3945	.3962
2.5	.3979	.3997	.4014	.4031	.4048	.4065	.4082	.4099	.4116	.4133
2.6	.4150	.4166	.4183	.4200	.4216	.4232	.4249	.4265	.4281	.4298
2.7	.4314	.4330	.4346	.4362	.4378	.4393	.4409	.4425	.4440	.4456
2.8	.4472	.4487	.4502	.4518	.4533	.4548	.4564	.4579	.4594	.4609
2.9	.4624	.4639	.4654	.4669	.4683	.4698	.4713	.4728	.4742	.4757
3.0	.4771	.4786	.4800	.4814	.4829	.4843	.4857	.4871	.4886	.4900
3.1	.4914	.4928	.4942	.4955	.4969	.4983	.4997	.5011	.5024	.5038
3.2	.5051	.5065	.5079	.5092	.5105	.5119	.5132	.5145	.5159	.5172
3.3	.5185	.5198	.5211	.5224	.5237	.5250	.5263	.5276	.5289	.5302
3.4	.5315	.5328	.5340	.5353	.5366	.5378	.5391	.5403	.5416	.5428
3.5	.5441	.5453	.5465	.5478	.5490	.5502	.5514	.5527	.5539	.5551
3.6	.5563	.5575	.5587	.5599	.5611	.5623	.5635	.5647	.5658	.5670
3.7	.5682	.5694	.5705	.5717	.5729	.5740	.5752	.5763	.5775	.5786
3.8	.5798	.5809	.5821	.5832	.5843	.5855	.5866	.5877	.5888	.5899
3.9	.5911	.5922	.5933	.5944	.5955	.5966	.5977	.5988	.5999	.6010
4.0	.6021	.6031	.6042	.6053	.6064	.6075	.6085	.6096	.6107	.6117
4.1	.6128	.6138	.6149	.6160	.6170	.6180	.6191	.6201	.6212	.6222
4.2	.6232	.6243	.6253	.6263	.6274	.6284	.6294	.6304	.6314	.6325
4.3	.6335	.6345	.6355	.6365	.6375	.6385	.6395	.6405	.6415	.6425
4.4	.6435	.6444	.6454	.6464	.6474	.6484	.6493	.6503	.6513	.6522
4.5	.6532	.6542	.6551	.6561	.6571	.6580	.6590	.6599	.6609	.6618
4.6	.6628	.6637	.6646	.6656	.6665	.6675	.6684	.6693	.6702	.6712
4.7	.6721	.6730	.6739	.6749	.6758	.6767	.6776	.6785	.6794	.6803
4.8	.6812	.6821	.6830	.6839	.6848	.6857	.6866	.6875	.6884	.6893
4.9	.6902	.6911	.6920	.6928	.6937	.6946	.6955	.6964	.6972	.6981
5.0	.6990	.6998	.7007	.7016	.7024	.7033	.7042	.7050	.7059	.7067
5.1	.7076	.7084	.7093	.7101	.7110	.7118	.7126	.7135	.7143	.7152
5.2	.7160	.7168	.7177	.7185	.7193	.7202	.7210	.7218	.7226	.7235
5.3	.7243	.7251	.7259	.7267	.7275	.7284	.7292	.7300	.7308	.7316
5.4	.7324	.7332	.7340	.7348	.7356	.7364	.7372	.7380	.7388	.7396

	0	1	2	3	4	5	6	7	8	9
5.5	.7404	.7412	.7419	.7427	.7435	.7443	.7451	.7459	.7466	.7474
5.6	.7482	.7490	.7497	.7505	.7513	.7520	.7528	.7536	.7543	.7551
5.7	.7559	.7566	.7574	.7582	.7589	.7597	.7604	.7612	.7619	.7627
5.8	.7634	.7642	.7649	.7657	.7664	.7672	.7679	.7686	.7694	.7701
5.9	.7709	.7716	.7723	.7731	.7738	.7745	.7752	.7760	.7767	.7774
6.0	.7782	.7789	.7796	.7803	.7810	.7818	.7825	.7832	.7839	.7846
6.1	.7853	.7860	.7868	.7875	.7882	.7889	.7896	.7903	.7910	.7917
6.2	.7924	.7931	.7938	.7945	.7952	.7959	.7966	.7973	.7980	.7987
6.3	.7993	.8000	.8007	.8014	.8021	.8028	.8035	.8041	.8048	.8055
6.4	.8062	.8069	.8075	.8082	.8089	.8096	.8102	.8109	.8116	.8122
6.5	.8129	.8136	.8142	.8149	.8156	.8162	.8169	.8176	.8182	.8189
6.6	.8195	.8202	.8209	.8215	.8222	.8228	.8235	.8241	.8248	.8254
6.7	.8261	.8267	.8274	.8280	.8287	.8293	.8299	.8306	.8312	.8319
6.8	.8325	.8331	.8338	.8344	.8351	.8357	.8363	.8370	.8376	.8382
6.9	.8388	.8395	.8401	.8407	.8414	.8420	.8426	.8432	.8439	.8445
7.0	.8451	.8457	.8463	.8470	.8476	.8482	.8488	.8494	.8500	.8506
7.1	.8513	.8519	.8525	.8531	.8537	.8543	.8549	.8555	.8561	.8567
7.2	.8573	.8579	.8585	.8591	.8597	.8603	.8609	.8615	.8621	.8627
7.3	.8633	.8639	.8645	.8651	.8657	.8663	.8669	.8675	.8681	.8686
7.4	.8692	.8698	.8704	.8710	.8716	.8722	.8727	.8733	.8739	.8745
7.5	.8751	.8756	.8762	.8768	.8774	.8779	.8785	.8791	.8797	.8802
7.6	.8808	.8814	.8820	.8825	.8831	.8837	.8842	.8848	.8854	.8859
7.7	.8865	.8871	.8876	.8882	.8887	.8893	.8899	.8904	.8910	.8915
7.8	.8921	.8927	.8932	.8938	.8943	.8949	.8954	.8960	.8965	.8971
7.9	.8976	.8982	.8987	.8993	.8998	.9004	.9009	.9015	.9020	.9025
8.0	.9031	.9036	.9042	.9047	.9053	.9058	.9063	.9069	.9074	.9079
8.1	.9085	.9090	.9096	.9101	.9106	.9112	.9117	.9122	.9128	.9133
8.2	.9138	.9143	.9149	.9154	.9159	.9165	.9170	.9175	.9180	.9186
8.3	.9191	.9196	.9201	.9206	.9212	.9217	.9222	.9227	.9232	.9238
8.4	.9243	.9248	.9253	.9258	.9263	.9269	.9274	.9279	.9284	.9289
8.5	.9294	.9299	.9304	.9309	.9315	.9320	.9325	.9330	.9335	.9340
8.6	.9345	.9350	.9355	.9360	.9365	.9370	.9375	.9380	.9385	.9390
8.7	.9395	.9400	.9405	.9410	.9415	.9420	.9425	.9430	.9435	.9440
8.8	.9445	.9450	.9455	.9460	.9465	.9469	.9474	.9479	.9484	.9489
8.9	.9494	.9499	.9504	.9509	.9513	.9518	.9523	.9528	.9533	.9538
9.0	.9542	.9547	.9552	.9557	.9562	.9566	.9571	.9576	.9581	.9586
9.1	.9590	.9595	.9600	.9605	.9609	.9614	.9619	.9624	.9628	.9633
9.2	.9638	.9643	.9647	.9652	.9657	.9661	.9666	.9671	.9675	.9680
9.3	.9685	.9689	.9694	.9699	.9703	.9708	.9713	.9717	.9722	.9727
9.4	.9731	.9736	.9741	.9745	.9750	.9754	.9759	.9763	.9768	.9773
9.5	.9777	.9782	.9786	.9791	.9795	.9800	.9805	.9809	.9814	.9818
9.6	.9823	.9827	.9832	.9836	.9841	.9845	.9850	.9854	.9859	.9863
9.7	.9868	.9872	.9877	.9881	.9886	.9890	.9894	.9899	.9903	.9908
9.8	.9912	.9917	.9921	.9926	.9930	.9934	.9939	.9943	.9948	.9952
9.9	.9956	.9961	.9965	.9969	.9974	.9978	.9983	.9987	.9991	.9996

三角比の表

角	正弦 (sin)	余弦 (cos)	正接 (tan)	角	正弦 (sin)	余弦 (cos)	正接 (tan)
0°	0.0000	1.0000	0.0000				
1°	0.0175	0.9998	0.0175	46°	0.7193	0.6947	1.0355
2°	0.0349	0.9994	0.0349	47°	0.7314	0.6820	1.0724
3°	0.0523	0.9986	0.0524	48°	0.7431	0.6691	1.1106
4°	0.0698	0.9976	0.0699	49°	0.7547	0.6561	1.1504
5°	0.0872	0.9962	0.0875	50°	0.7660	0.6428	1.1918
6°	0.1045	0.9945	0.1051	51°	0.7771	0.6293	1.2349
7°	0.1219	0.9925	0.1228	52°	0.7880	0.6157	1.2799
8°	0.1392	0.9903	0.1405	53°	0.7986	0.6018	1.3270
9°	0.1564	0.9877	0.1584	54°	0.8090	0.5878	1.3764
10°	0.1736	0.9848	0.1763	55°	0.8192	0.5736	1.4281
11°	0.1908	0.9816	0.1944	56°	0.8290	0.5592	1.4826
12°	0.2079	0.9781	0.2126	57°	0.8387	0.5446	1.5399
13°	0.2250	0.9744	0.2309	58°	0.8480	0.5299	1.6003
14°	0.2419	0.9703	0.2493	59°	0.8572	0.5150	1.6643
15°	0.2588	0.9659	0.2679	60°	0.8660	0.5000	1.7321
16°	0.2756	0.9613	0.2867	61°	0.8746	0.4848	1.8040
17°	0.2924	0.9563	0.3057	62°	0.8829	0.4695	1.8807
18°	0.3090	0.9511	0.3249	63°	0.8910	0.4540	1.9626
19°	0.3256	0.9455	0.3443	64°	0.8988	0.4384	2.0503
20°	0.3420	0.9397	0.3640	65°	0.9063	0.4226	2.1445
21°	0.3584	0.9336	0.3839	66°	0.9135	0.4067	2.2460
22°	0.3746	0.9272	0.4040	67°	0.9205	0.3907	2.3559
23°	0.3907	0.9205	0.4245	68°	0.9272	0.3746	2.4751
24°	0.4067	0.9135	0.4452	69°	0.9336	0.3584	2.6051
25°	0.4226	0.9063	0.4663	70°	0.9397	0.3420	2.7475
26°	0.4384	0.8988	0.4877	71°	0.9455	0.3256	2.9042
27°	0.4540	0.8910	0.5095	72°	0.9511	0.3090	3.0777
28°	0.4695	0.8829	0.5317	73°	0.9563	0.2924	3.2709
29°	0.4848	0.8746	0.5543	74°	0.9613	0.2756	3.4874
30°	0.5000	0.8660	0.5774	75°	0.9659	0.2588	3.7321
31°	0.5150	0.8572	0.6009	76°	0.9703	0.2419	4.0108
32°	0.5299	0.8480	0.6249	77°	0.9744	0.2250	4.3315
33°	0.5446	0.8387	0.6494	78°	0.9781	0.2079	4.7046
34°	0.5592	0.8290	0.6745	79°	0.9816	0.1908	5.1446
35°	0.5736	0.8192	0.7002	80°	0.9848	0.1736	5.6713
36°	0.5878	0.8090	0.7265	81°	0.9877	0.1564	6.3138
37°	0.6018	0.7986	0.7536	82°	0.9903	0.1392	7.1154
38°	0.6157	0.7880	0.7813	83°	0.9925	0.1219	8.1443
39°	0.6293	0.7771	0.8098	84°	0.9945	0.1045	9.5144
40°	0.6428	0.7660	0.8391	85°	0.9962	0.0872	11.4301
41°	0.6561	0.7547	0.8693	86°	0.9976	0.0698	14.3007
42°	0.6691	0.7431	0.9004	87°	0.9986	0.0523	19.0811
43°	0.6820	0.7314	0.9325	88°	0.9994	0.0349	28.6363
44°	0.6947	0.7193	0.9657	89°	0.9998	0.0175	57.2900
45°	0.7071	0.7071	1.0000	90°	1.0000	0.0000	

索引

数字

1次関数　47
1次変換　146
　　── f を表す行列　147
　　簡単な ── の例　147
2行2列の行列式　129
2次の行列式　129
2次不等式の解　35
2次方程式　28
2つの直線のなす角　123
${}_4P_2$ と ${}_4C_2$ の関係　175

英字

$\vec{a}$ と $\vec{b}$ のなす角　119
i の逆数　16
$m \times n$ 型行列　133
n 元方程式　32
n 次正方行列　133
n 乗根　6
$\sum$（和の記号）　71
　　── 記号の性質　71
$\sin\theta, \cos\theta, \tan\theta$ の値の符号　58

ア

移項　27
位置ベクトル　110
一般角　55
一般項　69
因数分解　20
　　── の公式　20
　　── の手順　20
円の一般式　75
重みつき平均　154

カ

解　28
　　── と係数の関係　30
階級　149
　　── 値　149
階差数列　72
階乗　173
　　── 表　174
外接円　44
回転体の体積　107
角の変換　62
確率
　　── の加法定理　179
　　── 分布　185
　　── 変数　185
加減法　32
加重平均　154
傾き　47, 85
下端　102
加法定理　62
関数　47
　　── の極限　84
幾何平均　157
　　算術平均，──，調和平均の大小関係　159
奇関数　103
　　── の定積分　103
期待値　186
既知数　27
基本ベクトル　117

逆
　　── 行列　142
　　── 行列のつくり方　143
　　── ベクトル　113
行　133
　　── ベクトル　133
境界　38
共通部分　167
共役な複素数　15
行列　133
　　── 式の性質　128
　　── の実数倍　136
　　── の乗法　139
　　── の積のつくり方　137
　　── の相等　133
　　── の和と差　134
極　82
　　── 座標　82
　　直交座標と ── 座標の関係　82
極限値　83
　　── の性質　83
　　── の求め方　84
極小　95
　　── 値　95
　　極大・── と最大・最小の違い　95
曲線の長さ　104
極大　95
　　── ・極小と最大・最小の違い　95
　　── 値　95
極値　95
虚数　3
　　── 解　30, 50
　　── 単位　15

索引

空
 ―― 事象　177
 ―― 集合　166
偶関数　102
 ―― の定積分　102
区間の表し方　37
組合せ　175
グラフの描き方　48
クラメールの公式　130
計算
 ―― の基本法則　1
 ―― の手順　1
係数　17
 解と ―― の関係　30
元　165
原始関数　99
減少関数　64
項　69
 ―― 数　69
公差　69
合成関数　91
 ―― の微分法　91
恒等式　30
勾配　85
公比　70
コサイン　41
コセカント　41
コタンジェント　41
弧度法　53
根元事象　177

サ

最頻値　153, 160
サイン　41
差集合　168
座標とベクトル　123
サラスの方法　129
三角関数
 ―― の値の範囲　59
 ―― のグラフの性質　59
 ―― の公式　62
 ―― の定義　56
三角比　41
 ―― の覚え方　42
 ―― の相互関係　43

算術平均　153
 ――, 幾何平均, 調和平均の大小関係　159
散布度　161
試行　177
事象　177
 ―― の従属　182
 ―― の独立　181
指数　8
 ―― 関数　64
 ―― 関数と対数関数のグラフの関係　66
 ―― 法則　8
次数　17
始線　55
自然
 ―― 数　3
 ―― 対数　15
四則演算　1
実数　3
 ―― 解　29, 50
始点　109
 ―― 終点連結法　112
写像　146
重解　30, 50
集合　165
 ―― の計算法則　169
収束　83
従属変数　47
終点　109
循環小数　3
順列　173
 ―― $_nP_r$ の計算例　173
条件付き確率　182
上端　102
焦点　77, 79
乗法定理　181, 182
常用対数　14
 ―― の求め方　14
初項　69
真数　11
数学的確率　177
数の分類　3
数列　69
 いろいろな ―― の和　72
スカラー　109
 ―― 積　121

 ―― 量　109
図形の面積　104
正割　41
正弦　41
 ―― 関数　59
 ―― 定理　44
整式　17
整数　3
正接　41
 ―― 関数　60
正の角　55
成分　133
正方行列　133
セカント　41
積
 ―― 事象　179
 ―― の法則　172
 ―― を和になおす公式　63
 和を ―― になおす公式　63
積分　102
 ―― 定数　99
接線　87, 93
 ―― の方程式　93
接点　87
切片　47
ゼロ行列　134
漸近線　79
全事象　177
全体集合　167
増加関数　64
相加平均　153
双曲線　79
増減表　96
相乗平均　157
相対度数　178
増分　88

タ

第 1 次導関数　88
第 2 次導関数　89
第 n 象限の角　55
対数　11
 指数関数と ―― 関数のグラフの関係　66
 ―― 関数　66
 ―― 記号　11

―― の性質　13
―― の定義　11
代入法　32
楕円　77
多項式　17
単位
　―― 円　43
　―― 行列　139
　―― ベクトル　115
単項式　17
タンジェント　41
短軸　77
値域　47
中央値　153, 159
柱状グラフ　151
中心　79
長軸　77
頂点　79
調和平均　158
　算術平均，幾何平均，―― の大小関係　159
直角双曲線　80
直交
　―― 座標　82
　―― 座標と極座標の関係　82
　―― 条件　94
通分　23
底　11
　―― 変換公式　13
定義域　47
定数関数　89
定積分　102
　―― の性質　102
展開　19
　―― 公式　19
導関数　88
　いろいろな関数の ――　93
　基本的な関数の ――　89
動径　55
統計的確率　178
等差数列　69
等比数列　70
同類項　17
独立変数　47
度数　149
　―― 分布表　149, 150

ド・モルガンの法則　169

ナ

内積　119
　―― の性質　119
二項
　―― 係数　176
　―― 定理　176
ネーピアの数　15

ハ

場合の数　171
媒介変数表示　76
倍角公式　63
パラメータ表示　76
半角公式　63
半直線　55
反復試行　184
　―― の確率　184
繁分数式　22
判別式　29
ヒストグラム　149, 151
微分　88
　―― 可能　87
　―― 係数　86
　―― 法の公式　89
標準
　―― 形　49
　―― 偏差　161
標本空間　177
比例　47
複素数　3, 15
　―― の計算の要領　16
　―― の四則演算　15
不定　130
　いろいろな関数の ―― 積分　101
　―― 積分　99
　―― 積分の公式　99
不等式　34
　―― の基本性質　34
　間違いやすい ―― と領域　39
不能　130
負の角　55

部分
　―― 集合　166
　―― 分数分解　23
分散　161
分数　3
　―― 計算の規則　2
　―― 式　22
　―― 式の性質　22
　―― の指数　8
分母
　―― の有理化　5
　―― を払う　27
平均
　―― 値　153
　―― 変化率　85
平方
　―― 完成　49
　―― 根　4, 6
　―― 根の計算の規則　4
巾　8
ベクトル　109
　座標と ――　123
　―― の表し方　109
　―― の演算規則　115
　―― の差　113
　―― の実数倍　115
　―― の垂直　121
　―― の相等　110
　―― の平行　115
　―― の例　110
　―― の和　111
　―― の和，差，実数倍の成分表示　117
　―― 量　109
変域　47
偏角　82
変化率　86
変換　146
変曲点　96
偏差　161
ベン図　168
法線　93
　―― の方程式　93
方程式　27, 30
放物線　50
補集合　167
　―― の性質　168

マ

末項　69
マトリックス　133
未知数　27
無限数列　69
無理
　── 式　24
　── 数　3
メジアン　159
モード　160

ヤ

約分　23
有限
　── 小数　3
　── 数列　69
有向線分　109
有理数　3

要素　165
余割　41
余弦　41
　── 関数　59
　── 定理　44
余事象　180
　── の定理　180
余接　41

ラ

ラジアン　53
　角 $x°$ と θ rad との関係　54
立方根　6
領域　38
　間違いやすい不等式と ──　39
累乗　8
　── 根　6
　── 根の性質　6

零
　── 行列　134
　── ベクトル　114
　── ベクトルの性質　114
列　133
　── ベクトル　133

ワ

和
　積を ── になおす公式　63
　── 事象　179
　── 集合　166
　── の法則　171
　── を積になおす公式　63

飯島徹穂（編著）

東京理科大学卒，工学博士（北海道大学）
成蹊大学工学部講師を経て，現在，職業能力開発総合大学校東京校教授

著書　数の単語帖（共立出版），楽しく学べる基礎数学（工業調査会）編著，工学基礎数学 Part I, Part II（工業調査会）編著，テクニッシャン・エンジニアのための基礎数学 ― 微分・積分編 ―（工業調査会）編著，実践技術統計入門（工業調査会）編著

岩本悌治（著）

東京理科大学卒，東京理科大学数学科専攻科修了
日本工学院八王子専門学校情報処理科，職業能力開発総合大学校東京校非常勤講師を経て，現在，日本工学院八王子専門学校非常勤講師

著書　コンピュータ技術者のための統計入門（日本理工出版会），実践技術統計入門（工業調査会）共著，楽しく学べる基礎数学（工業調査会）共著，*Ability* 数学 ― 線形代数 ―（共立出版）共著

佐々木隆幸（著）

弘前大学卒，弘前大学大学院博士課程終了，博士（工学）
現在，青森職業能力開発短期大学校および秋田職業能力開発短期大学校非常勤講師

著書　楽しく学べる基礎数学（工業調査会）共著，工学基礎数学 Part I, Part II（工業調査会）共著，テクニッシャン・エンジニアのための基礎数学 ― 微分・積分編 ―（工業調査会）共著

Ability　大学生の数学リテラシー	著　者　飯島徹穂 　　　　岩本悌治 　　　　佐々木隆幸　　© 2004
2004 年　2 月 25 日　初版 1 刷発行 2023 年　2 月 10 日　初版 14 刷発行	発　行　**共立出版株式会社**／南條光章 東京都文京区小日向 4-6-19 電話　03-3947-2511（代表） 〒112-0006／振替口座 00110-2-57035 www.kyoritsu-pub.co.jp
	印　刷　㈱加藤文明社 製　本　協栄製本 制　作　㈱グラベルロード
検印廃止 NDC 410 ISBN 978-4-320-01754-2	一般社団法人 自然科学書協会 会員 Printed in Japan

---

JCOPY ＜出版者著作権管理機構委託出版物＞

本書の無断複製は著作権法上での例外を除き禁じられています．複製される場合は，そのつど事前に，出版者著作権管理機構（ＴＥＬ：03-5244-5088，ＦＡＸ：03-5244-5089，e-mail：info@jcopy.or.jp）の許諾を得てください．

◆ 色彩効果の図解と本文の簡潔な解説により数学の諸概念を一目瞭然化！

ドイツ Deutscher Taschenbuch Verlag 社の『dtv-Atlas事典シリーズ』は，見開き2ページで1つのテーマが完結するように構成されている。右ページに本文の簡潔で分り易い解説を記載し，かつ左ページにそのテーマの中心的な話題を図像化して表現し，本文と図解の相乗効果で理解をより深められるように工夫されている。これは，他の類書には見られない『dtv-Atlas 事典シリーズ』に共通する最大の特徴と言える。本書は，このシリーズの『dtv-Atlas Mathematik』と『dtv-Atlas Schulmathematik』の日本語翻訳版である。

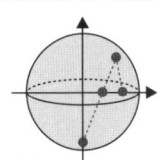

カラー図解 数学事典

Fritz Reinhardt・Heinrich Soeder [著]
Gerd Falk [図作]
浪川幸彦・成木勇夫・長岡昇勇・林　芳樹 [訳]

数学の最も重要な分野の諸概念を網羅的に収録し，その概観を分り易く提供。数学を理解するためには，繰り返し熟考し，計算し，図を書く必要があるが，本書のカラー図解ページはその助けとなる。

【主要目次】　まえがき／記号の索引／序章／数理論理学／集合論／関係と構造／数系の構成／代数学／数論／幾何学／解析幾何学／位相空間論／代数的位相幾何学／グラフ理論／実解析学の基礎／微分法／積分法／関数解析学／微分方程式論／微分幾何学／複素関数論／組合せ論／確率論と統計学／線形計画法／参考文献／索引／著者紹介／訳者あとがき／訳者紹介

■菊判・ソフト上製本・508頁・定価6,050円（税込）■

カラー図解 学校数学事典

Fritz Reinhardt [著]
Carsten Reinhardt・Ingo Reinhardt [図作]
長岡昇勇・長岡由美子 [訳]

『カラー図解 数学事典』の姉妹編として，日本の中学・高校・大学初年級に相当するドイツ・ギムナジウム第5学年から13学年で学ぶ学校数学の基礎概念を1冊に編纂。定義は青で印刷し，定理や重要な結果は緑色で網掛けし，幾何学では彩色がより効果を上げている。

【主要目次】　まえがき／記号一覧／図表頁凡例／短縮形一覧／学校数学の単元分野／集合論の表現／数集合／方程式と不等式／対応と関数／極限値概念／微分計算と積分計算／平面幾何学／空間幾何学／解析幾何学とベクトル計算／推測統計学／論理学／公式集／参考文献／索引／著者紹介／訳者あとがき／訳者紹介

■菊判・ソフト上製本・296頁・定価4,400円（税込）■

www.kyoritsu-pub.co.jp　　共立出版　（価格は変更される場合がございます）

https://www.facebook.com/kyoritsu.pub